数学基礎コース＝S別巻1

大学で学ぶ やさしい 微分積分

水田 義弘 著

サイエンス社

◆ Mathematica は Wolfram Research 社の登録商標です．
◆ Microsoft および Microsoft Excel は米国 Microsoft Corporation の米国およびその他の国における登録商標です．
◆ その他，本書に記載されている会社名，製品名は各社の商標または登録商標です．

サイエンス社のホームページのご案内
http://www.saiensu.co.jp
ご意見・ご要望は　rikei＠saiensu.co.jp　まで．

まえがき

　この本は，大学においてはじめて微分積分学を学ぶ学生や数学を基礎知識とする理工系の学生を対象に書かれた教科書である．そこで，高校で数学 I, II しか学んでいない学生にも理解できるようにやさしく解説しながら，一方で，数学的なものの見方を損なわないように努めた．したがって，定理などの厳密な意味での証明は避け，図などで直観的に理解できるように工夫した．このとき，高校で習う数学 III を単に再現するのではなく，現代数学の高い立場から微分積分学の初歩を見直すとともに，大学で行われている微分積分学の授業内容に近づけることを目標とした．図は「Mathematica」と「Excel」を用いて描いた．「Excel」による図は読者が容易に再現できるので非常に便利である．

　微分積分学は，ニュートンによって，運動や変化を数学的に解明するための方法として創始された．ニュートンは，運動を記述するために微分を含む式を求め，この式を解く方法として積分を考案し，微分と積分の両方を有機的に結合させることによって，惑星などの運動の解析に成功した．微分と積分を結びつける原理は「微分積分学の基本定理」と呼ばれる．しかし，現在使われている微分と積分の記号は主としてライプニッツによる．記号を上手に使うことは思考を簡単にする効果があるので数学にとってきわめて重要である．したがって，ライプニッツの記号によって微分積分は急速に発展したことはいうまでもない．

　数学は抽象化と普遍化によって，高度に発展してきた．一方で，コンピュータの発達に伴って，複雑な計算も簡単にできるようになっているので，コンピュータを上手に利用することによって，難解と思われている数学がやさしく理解できることもある．本書では Excel を使うことによって数学の抽象的な概念が容易に理解できるよう工夫した．

　本書では最初に数列や級数の極限を扱うことから始める．このとき，「有界な

単調数列は収束する」という性質は「実数の連続性」に関する基本的なものである．次に，数列の一般化として，関数の極限や連続性を扱う．変化する量を扱うために微分法は有効である．基本的な関数の微分をやさしく解説した後，極限値の計算に有効なロピタルの定理や近似式を使った近似計算を行う．図形の面積や体積の計算には積分法が使われる．積分は微分の逆の演算であり，微分と積分の両方を有機的に組み合わせることによって，変化を解析することが可能となる．

　変数が多い場合には，ある指定された変数で微分することが必要となり，これは「偏微分」と呼ばれる．また，立体の体積を表すには，「重積分」が必要となる．これらについても簡単に解説し，変数が1つの場合の計算が基本的であることを示した．

　身の回りで起こる現象を数学的に扱うためには微分や偏微分を含む式を解析する必要がおこる．そこで，微分方程式や偏微分方程式を簡単に解説した．とくに，人口問題を中心として，微分方程式の導入と解析を行った．

　最後に，この本の執筆中，サイエンス社の田島伸彦氏，鈴木綾子氏，大学院生の二村俊英君や大胡満裕君にもたくさんの助言や批評を頂いたことを感謝する．

2002年11月

水 田 義 弘

目 次

第1章 数列と極限　　1

- 1.1 実数の性質 ……………………………………………… 1
- 1.2 数列の極限 ……………………………………………… 3
- 1.3 実数の連続性 …………………………………………… 10
- 1.4 数列の発散 ……………………………………………… 13
- 1.5 級　数 …………………………………………………… 16
- 1.6 等比級数 ………………………………………………… 18
- 発展問題 1 ………………………………………………… 22

第2章 微分法　　24

- 2.1 関数の極限 ……………………………………………… 24
- 2.2 連続関数 ………………………………………………… 29
- 2.3 微　分 …………………………………………………… 32
- 2.4 微分の基本的性質 ……………………………………… 34
- 2.5 合成関数の微分法 ……………………………………… 36
- 2.6 逆関数 …………………………………………………… 39
- 2.7 無理関数の微分法 ……………………………………… 41
- 2.8 指数関数と対数関数の微分法 ………………………… 43
- 2.9 三角関数の微分法 ……………………………………… 49
- 2.10 逆三角関数の微分法 ………………………………… 56
- 発展問題 2 ………………………………………………… 59

第3章 微分法の応用　　　　　　　　　　　　　　　　61

3.1 接線の方程式 61
3.2 平均値の定理 63
3.3 ロピタルの定理 65
3.4 関数の増減 67
3.5 高階導関数と近似式 70
発展問題 3 77

第4章 積　分　法　　　　　　　　　　　　　　　　　　79

4.1 積　分 79
4.2 いろいろな関数の積分 85
発展問題 4 94

第5章 積分法の応用　　　　　　　　　　　　　　　　96

5.1 リーマン和 96
5.2 広義積分，無限積分 101
5.3 級数の和 103
発展問題 5 105

第6章 曲線の解析　　　　　　　　　　　　　　　　　107

6.1 曲線のパラメーター表示 107
6.2 パラメーターで表された関数の微分と積分 109
6.3 極座標と極方程式 113
6.4 極方程式で表された図形の面積 116
6.5 曲線の長さ 118
発展問題 6 121

目　次　　v

第7章　曲面と偏微分法　　123

- **7.1** 曲　面 123
- **7.2** 偏 微 分 127
- **7.3** 接平面と法線 129
- **7.4** 合成関数の偏微分法 133
- **7.5** 極大値と極小値 137
- 発展問題 7 141

第8章　立体の体積と重積分　　143

- **8.1** 立 体 の 体 積 143
- **8.2** 累 次 積 分 147
- **8.3** 重積分の変数変換 151
- 発展問題 8 156

第9章　微 分 方 程 式　　158

- **9.1** 微 分 方 程 式 158
- **9.2** 人口問題と微分方程式 160
- **9.3** 微分方程式と漸化式 164
- **9.4** 全微分方程式 165
- **9.5** 偏微分方程式 167
- 発展問題 9 168

付　録　　170

- **A.1** Excel による数列 $\left\{\frac{1}{n}\right\}$ の散布図の描き方 170
- **A.2** Excel による曲線 $y = \frac{x^2-1}{x-1}$ のグラフの描き方 173

解 答	**175**
索 引	**214**

第1章

数 列 と 極 限

1.1 実 数 の 性 質

ものを数えるときに使う数 $1, 2, 3, \cdots$ を **自然数** といい，自然数の全体を
$$\boldsymbol{N} = \{1, 2, 3, \cdots\}$$
で表す．集合 E と要素 x に対して，x が E に含まれるとき，$x \in E$ と表す．例えば，$n \in \boldsymbol{N}$ とは，n が自然数であることを意味する．

次の定理は **数学的帰納法** と呼ばれる重要な証明法を保証するものである．

> **定理 1.1** 自然数からなる集合 E が次の 2 つの条件
> (1) $1 \in E$
> (2) $n \in E$ ならば，$n+1 \in E$
> を満たすとき，$E = \boldsymbol{N}$ となる．

この定理の応用として，各自然数 n に対して命題 $p(n)$ が与えられているとき，すべての命題 $p(n)$ が真であることを示すには，次の 2 つを証明すればよい．

> **数学的帰納法**
> [I] $p(1)$ が真である．
> [II] $p(k)$ が真であるならば，$p(k+1)$ も真である．

自然数の全体に 0 と負の数 $-1, -2, \cdots$ をつけ加えて，**整数の全体**
$$\boldsymbol{Z} = \{0, \pm 1, \pm 2, \pm 3, \cdots\}$$

が作られる．2つの整数の比 $\dfrac{p}{q}$ $(q \neq 0)$ で表される数を**有理数**といい，有理数の全体を $\boldsymbol{Q}$ で表す：

$$\boldsymbol{Q} = \left\{ \dfrac{p}{q} \mid p \in \boldsymbol{Z}, q \in \boldsymbol{Z}, q \neq 0 \right\}$$

直角二等辺三角形の斜辺でない辺の長さが 1 であるとき，ピタゴラスの定理より，斜辺の長さは $\sqrt{2}$ である．この $\sqrt{2}$ や直径 1 の円周の長さ π などのように，整数の比で表されない数が存在する．このような**無理数**をつけ加えて**実数の集合** $\boldsymbol{R}$ が作られる．実数の間に，**四則演算**（加減乗除）や**大小関係**が定義される．

実数 x の**絶対値**

$$|x| = \begin{cases} x, & x \geqq 0 \\ -x, & x < 0 \end{cases}$$

に対して，**三角不等式**

$$\bigl||x| - |y|\bigr| \leqq |x + y| \leqq |x| + |y|$$

が成立する．

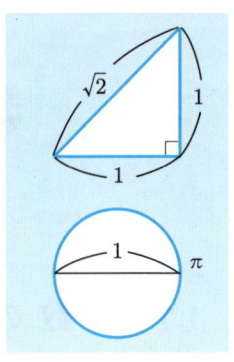

図 1.1

問題

1.1 a と b の小さくない方を $\max\{a, b\}$，また，大きくない方を $\min\{a, b\}$ とおく．このとき，次の等式を証明せよ．

(1) $\max\{x, -x\} = |x|$

(2) $\min\{x, -x\} = -|x|$

(3) $\max\{x, y\} = \dfrac{(x+y) + |x-y|}{2}$

(4) $\min\{x, y\} = \dfrac{(x+y) - |x-y|}{2}$

1.2 (1) $y = |x - 1|$ のグラフをかけ．

(2) グラフを利用して，$|x - 1| < 1$ を解け．

1.2 数列の極限

ある規則にしたがって並べられた数の列

$$a_1, \quad a_2, \quad ..., \quad a_n, \quad ...$$

を**数列**という．これを，簡単に，$\{a_n\}$ と表すこともある．n が限りなく大きくなったとき，a_n が限りなくある値 A に近づくならば，数列 $\{a_n\}$ は A に**収束**するといい，

$$\lim_{n \to \infty} a_n = A \qquad (*)$$

と表す．$(*)$ は次と同値であることに注意しよう：

$$\lim_{n \to \infty} |a_n - A| = 0$$

例えば，数列

$$1, \quad \frac{1}{2}, \quad \frac{1}{3}, \quad ..., \quad \frac{1}{n}, \quad ...$$

を考えてみよう．数列の値を計算してみると次の表のようになる．

図 1.2 は Excel を用いて描いたものである．この書き方は付録 **A.1** を参照して欲しい．これらの表や図から，n が限りなく大きくなったとき，$1/n$ は限り

n	$1/n$
1	1
2	0.5
3	0.33333
4	0.25
⋮	⋮
10	0.1
⋮	⋮
100	0.01
⋮	⋮
1000	0.001
⋮	⋮

なく 0 に近づくことがわかる．このとき，

$$\lim_{n\to\infty}\frac{1}{n}=0$$

と表す．

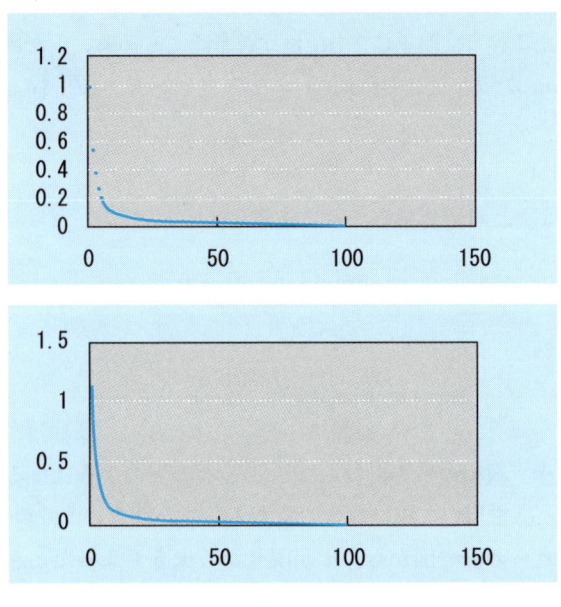

図 1.2

例題 1.1 ────────────────────── 数列の極限 ─

数列 $\left\{\dfrac{2n-1}{2n}\right\}$ の項を具体的に計算して，次の極限値を求めよ．

$$\lim_{n\to\infty}\frac{2n-1}{2n}$$

解答 数列の散布図は図 1.3 のようである．この図から，n が大きくなると $\dfrac{2n-1}{2n}$ は 1 に収束することがわかる．すなわち，

1.2 数列の極限

$$\lim_{n \to \infty} \frac{2n-1}{2n} = 1$$

極限値は，通常，次のように求める．まず，分母と分子を n で割って

$$\frac{2n-1}{2n} = \frac{2 - \frac{1}{n}}{2}$$

と変形しよう．このとき，$\frac{1}{n}$ は n が大きくなると限りなく小さくなる．したがって，

$$\lim_{n \to \infty} \frac{2n-1}{2n} = \lim_{n \to \infty} \frac{2 - \frac{1}{n}}{2} = \frac{2-0}{2} = 1$$

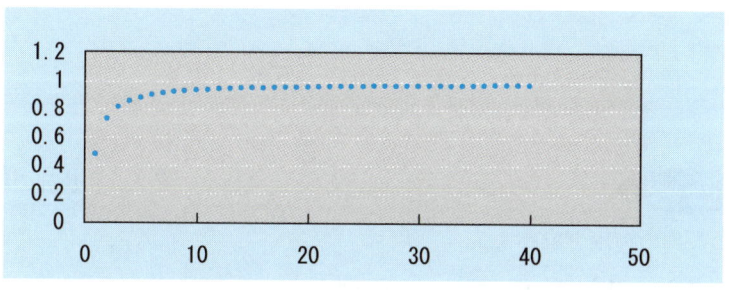

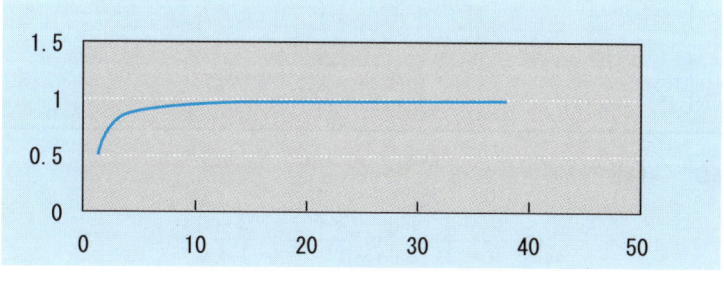

図 1.3

問題

1.3 数列 $\frac{3}{2}, \frac{5}{4}, \frac{7}{6}, \frac{9}{8}, \cdots$ について

(1) 一般項を n の式で表せ．
(2) 数列を $\{a_n\}$ とおくとき，それが表すグラフをかけ．
(3) 極限値 $\lim_{n \to \infty} a_n$ を求めよ．

数列の極限について，次の定理が成立する．

> **定理 1.2** $\lim\limits_{n\to\infty} a_n = A$, $\lim\limits_{n\to\infty} b_n = B$ とする．
>
> (1) $\lim\limits_{n\to\infty}(a_n + b_n) = A + B$
>
> (2) $\lim\limits_{n\to\infty}(ca_n) = cA$ $\quad$ (c：定数)
>
> (3) $\lim\limits_{n\to\infty} a_n b_n = AB$
>
> (4) $\lim\limits_{n\to\infty} \dfrac{a_n}{b_n} = \dfrac{A}{B}$ $\quad$ ($b_n \neq 0, B \neq 0$)

例題 1.2 ─────────────────── 数列の極限 ─

次の数列の極限を求めよ．

(1) $\left\{\dfrac{2n+1}{n+2}\right\}$ $\qquad$ (2) $\left\{\dfrac{1-n^2}{n^2+1}\right\}$

(3) $\left\{n - \dfrac{n^2}{n+1}\right\}$ $\qquad$ (4) $\left\{\sqrt{n^2-n+1} - n\right\}$

解答 (1) 分子と分母を n で割ると

$$\lim_{n\to\infty}\frac{2n+1}{n+2} = \lim_{n\to\infty}\frac{2+\frac{1}{n}}{1+\frac{2}{n}} = \frac{2+0}{1+0} = 2$$

(2) 分子と分母を n^2 で割ると

$$\lim_{n\to\infty}\frac{1-n^2}{n^2+1} = \lim_{n\to\infty}\frac{\frac{1}{n^2}-1}{1+\frac{1}{n^2}} = \frac{0-1}{1+0} = -1$$

(3) 通分して変形すると

$$\lim_{n\to\infty}\left(n - \frac{n^2}{n+1}\right) = \lim_{n\to\infty}\frac{n(n+1)-n^2}{n+1}$$
$$= \lim_{n\to\infty}\frac{n}{n+1} = \lim_{n\to\infty}\frac{1}{1+\frac{1}{n}} = 1$$

(4) 分母と分子に $\sqrt{n^2-n+1}+n$ をかけて分子の有理化を行うと

$$\lim_{n\to\infty}\left(\sqrt{n^2-n+1}-n\right) = \lim_{n\to\infty}\frac{(n^2-n+1)-n^2}{\sqrt{n^2-n+1}+n}$$
$$= \lim_{n\to\infty}\frac{-n+1}{\sqrt{n^2-n+1}+n}$$
$$= \lim_{n\to\infty}\frac{-1+\frac{1}{n}}{\sqrt{1-\frac{1}{n}+\frac{1}{n^2}}+1} = \frac{-1+0}{1+1} = -\frac{1}{2}$$

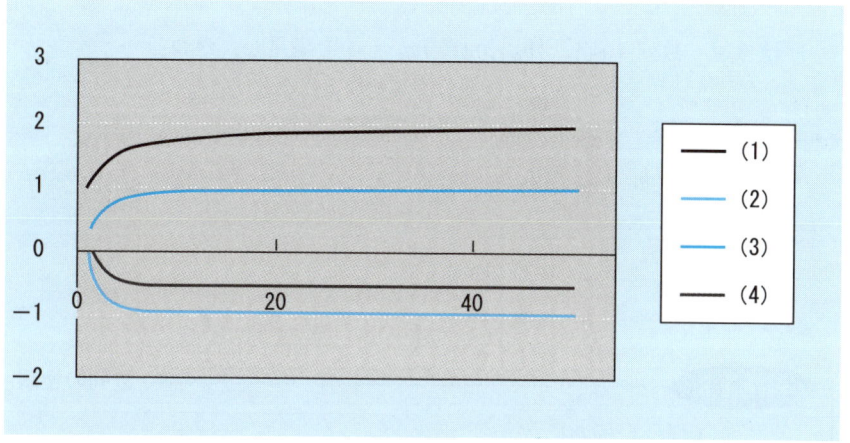

図 1.4

問題

1.4 次の数列の極限を求めよ.

(1) $\left\{\dfrac{2n^2-1}{n^2+n+1}\right\}$　　(2) $\left\{\dfrac{n^2+1}{(n+1)(n+2)}\right\}$

(3) $\{\sqrt{n+1}-\sqrt{n-1}\}$　　(4) $\{n(\sqrt{n^2+1}-n)\}$

数列の収束性を論じるとき，**挟み撃ちの原理**と呼ばれる次の定理が有効である．

> **定理 1.3** 数列 $\{a_n\}$, $\{b_n\}$, $\{c_n\}$ がそれぞれ α, β, γ に収束し
> $$a_n \leqq b_n \leqq c_n \quad (n=1,2,\cdots) \tag{*}$$
> ならば，$\alpha \leqq \beta \leqq \gamma$ となる．

> **定理 1.4** 数列 $\{a_n\}$, $\{b_n\}$, $\{c_n\}$ が $(*)$ を満足し，かつ，
> $$\lim_{n\to\infty} a_n = \lim_{n\to\infty} c_n = \alpha$$
> ならば，$\lim_{n\to\infty} b_n = \alpha$ となる．

例題 1.3 ─────────────────────── 数列の極限 ─

数列 $1, \dfrac{1}{1.1}, \dfrac{1}{1.1^2}, \dfrac{1}{1.1^3}, \cdots$ について

(1) 数列の値を具体的に計算することによって，$\displaystyle\lim_{n\to\infty}\dfrac{1}{1.1^n}$ の値を求めよ．

(2) $h>0$ のとき，次を示せ．
$$(1+h)^n \geqq 1+nh \quad (n=1,2,3,\ldots)$$

(3) 挟み撃ちの原理を利用して，(1) の結果を証明せよ．

解答 (1) 数列 $\left\{\dfrac{1}{1.1^n}\right\}$ の散布図を見ると
$$\lim_{n\to\infty}\dfrac{1}{1.1^n} = 0$$
であることがわかる．

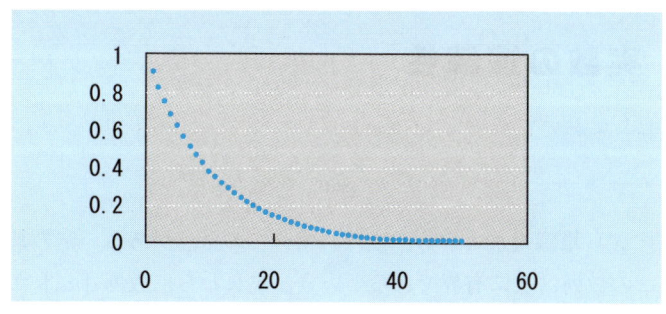

図 1.5

(2) 2項定理を利用すると

$$(1+h)^n = {}_nC_0 + {}_nC_1 h + {}_nC_2 h^2 + \cdots + {}_nC_n h^n$$
$$\geqq {}_nC_0 + {}_nC_1 h = 1 + nh$$

不等式の証明に数学的帰納法を適用することもできる.

(3) $1.1^n = (1+0.1)^n \geqq 1 + n \times 0.1 > \dfrac{n}{10}$ だから,

$$0 < \frac{1}{1.1^n} < \frac{10}{n}$$

ここで, $\displaystyle\lim_{n\to\infty} \frac{1}{n} = 0$ に注意すると, 挟み撃ちの原理から

$$\lim_{n\to\infty} \frac{1}{1.1^n} = 0$$

問題

1.5 次の極限値を求めよ.

(1) $\displaystyle\lim_{n\to\infty} \frac{(-1)^n}{n}$ (2) $\displaystyle\lim_{n\to\infty} \frac{n+(-1)^n}{n+1}$

1.6 (1) $r > 1$ のとき, $r^n \geqq 1 + n(r-1)$ を示せ.

(2) $r > 1$ のとき, $\displaystyle\lim_{n\to\infty} \frac{1}{r^n} = 0$ を示せ.

(3) $|r| < 1$ のとき, $\displaystyle\lim_{n\to\infty} r^n = 0$ を示せ.

(4) 極限値 $\displaystyle\lim_{n\to\infty} \frac{2^n}{2^n + 3^n}$ を求めよ.

1.3 実数の連続性

数列 $\{a_n\}$ において,
$$a_1 \leqq a_2 \leqq \cdots \leqq a_n \leqq a_{n+1} \leqq \cdots$$
ならば, (広義) **単調増加**という. また, すべての a_n がある一定の数より小さいとき, この数列は**上に有界**であるという. すなわち, 数列 $\{a_n\}$ が上に有界であるとは,
$$a_n < M \qquad (n = 1, 2, 3, ...)$$
となる正の数 M が存在することである.

次の命題は**実数の連続性**と呼ばれる重要な性質である:

(C)　「上に有界な単調増加数列は収束する」

同様に, **単調減少数列**, **下に有界**な数列が定義され, 次の命題も成立する:

(C′)　「下に有界な単調減少数列は収束する」

例題 1.4　　　　　　　　　　　　　　　　　　　　　漸化式と極限

数列 $\{a_n\}$ を次のように定める.
$$a_1 = 1, \qquad a_{n+1} = \frac{1}{2}a_n(4 - a_n) \quad (n = 1, 2, \cdots)$$

(1) 数学的帰納法を用いて, $1 \leqq a_n < 2$ を示せ.
(2) $\{a_n\}$ は単調増加数列であることを示せ.
(3) 極限値 $\lim_{n \to \infty} a_n$ を求めよ.

解答　(1)　[I] $n = 1$ のときは明らか.
[II]　$n = k$ のとき, $1 \leqq a_k < 2$ と仮定する. $y = f(x) = \frac{1}{2}x(4 - x)$ のグラフから $f(1) \leqq f(a_k) < f(2)$. $f(1) = \frac{3}{2}$, $f(a_k) = \frac{1}{2}a_k(4 - a_k) = a_{k+1}$, $f(2) = 2$ だから
$$1 < \frac{3}{2} \leqq a_{k+1} < 2$$

1.3 実数の連続性

よって，$n = k+1$ のときも成立する．したがって，数学的帰納法によって，(1) が示された．

(2) $a_n \leqq a_{n+1}$ を示す．実際，

$$a_{n+1} - a_n = \frac{1}{2}a_n(4 - a_n) - a_n$$
$$= \frac{1}{2}a_n(2 - a_n)$$

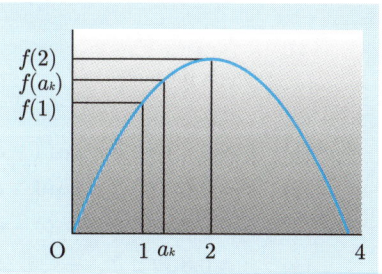

図 1.6

(1) から $a_{n+1} - a_n > 0$，つまり，$a_n < a_{n+1}$ となるので，$\{a_n\}$ は，単調増加数列である．

(3) (1), (2) と実数の連続性から $\{a_n\}$ は収束する．その極限値を α とすると，漸化式において $n \to \infty$ とすると，$\alpha = \frac{1}{2}\alpha(4 - \alpha)$．この 2 次方程式を解くと $\alpha = 0, 2$．(1) より $1 \leqq \alpha \leqq 2$ に注意すると，$\alpha = 2$ を得る．

参考 不等式

$$|a_{n+1} - 2| \leqq \frac{1}{2}|a_n - 2| \quad (n = 1, 2, 3, ...)$$

を利用して示すこともできる．

グラフを利用して，極限値を求めてみよう．曲線 $y = f(x) = \frac{1}{2}x(4-x)$ と直線 $y = x$ のグラフをかく．x 軸上の点 $A_1(1, 0)$ をとる．グラフ上の点 P_1 の y 座標は

$$f(1) = f(a_1) = a_2$$

点 P_1 を通り x 軸に平行な直線と直線 $y = x$ の交点から x 軸に下した垂線の足 A_2 の x 座標は a_2 である．グラフ上の点 P_2 の y 座標は

$$f(a_2) = a_3$$

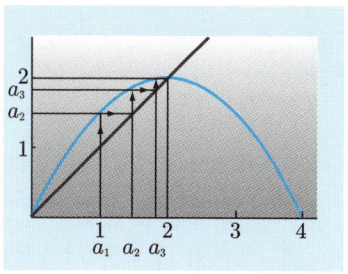

点 P_2 を通り x 軸に平行な直線と直線 $y = x$ の交点から x 軸に下した垂線の足 A_3 の x 座標は a_3 である．これを繰り返すと点 P_n は 2 つのグラフの交点 $(2, 2)$ に近づく．したがって，

図 1.7

$$\lim_{n \to \infty} a_n = 2$$

数列
$$x_1 = 0.5, \qquad x_{n+1} = kx_n(4-x_n) \qquad (n=1,2,3,...)$$
について，x_{20} まで Excel で計算してみると，次のようなことがわかる．
(1) $k=0.5$ のとき，$k\alpha(4-\alpha) = \alpha$ となる $\alpha = 2$ に収束する
(2) $k=0.6$ のとき，$k\alpha(4-\alpha) = \alpha$ となる $\alpha = \frac{7}{3}$ に収束する
(3) $k=0.7$ のとき，$k\alpha(4-\alpha) = \alpha$ となる $\alpha = \frac{18}{7}$ に収束する
(4) $k=0.8$ のとき，振動しながら 2 つの値に接近する
(5) $k=0.9$ のとき，激しく振動する
(6) $k=1$ のとき，激しく振動する

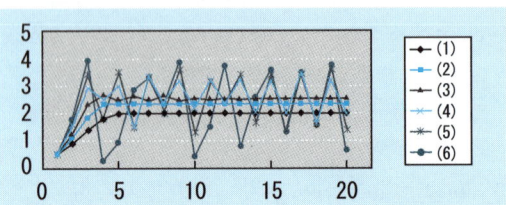

問題

1.7 数列 $\{a_n\}$ を次のように定める．
$$a_1 = 1, \quad a_{n+1} = \frac{1}{2}a_n + 1 \quad (n=1,2,\cdots)$$

(1) $a_{n+1} - 2 = \frac{1}{2}(a_n - 2)$ であることを示せ．
(2) $a_n = 2 - \dfrac{1}{2^{n-1}}$ であることを示せ．
(3) 極限値 $\lim\limits_{n\to\infty} a_n$ を求めよ．

1.8 数列 $\{a_n\}$ を次のように定める．
$$a_1 = 1, \quad a_{n+1} = \sqrt{2a_n + 3} \quad (n=1,2,\cdots)$$
曲線 $y = \sqrt{2x+3}$ と直線 $y=x$ のグラフを利用して，極限値 $\lim\limits_{n\to\infty} a_n$ を求めよ．

1.4 数列の発散

数列 $\{a_n\}$ が収束しないとき，**発散**するという．発散する数列は次のタイプがある．

> (1) 数列
> $$1,\ 2,\ 3,\ 4,\ ...,\ n,\ ...$$
> において，第 n 項 $a_n = n$ はいくらでも大きくなる．このとき，
> $$\lim_{n\to\infty} a_n = \infty$$
> と表し，$\{a_n\}$ は**正の無限大に発散**するという．
>
> (2) 数列
> $$-1,\ -2,\ -3,\ -4,\ ...,\ -n,\ ...$$
> において，第 n 項 $a_n = -n$ は負の値をとりながらその絶対値がいくらでも大きくなる．このとき，
> $$\lim_{n\to\infty} a_n = -\infty$$
> と表し，$\{a_n\}$ は**負の無限大に発散**するという．
>
> (3) 数列
> $$1,\ -1,\ 1,\ -1,\ ...,\ (-1)^{n-1},\ ...$$
> において，第 n 項 $a_n = (-1)^{n-1}$ は 1 と -1 の値を交互にとりながら変化し一定の値に収束しない．このとき，$\{a_n\}$ は**振動**するという．

例題 1.5 ── 数列の収束・発散

次の数列の収束・発散を調べよ．

(1) $\left\{\dfrac{n^2}{n+1}\right\}$ (2) $\left\{\dfrac{1-n^2}{n+2}\right\}$

(3) $\left\{2(-1)^{n-1}+\dfrac{1}{n}\right\}$ (4) $\{n-\sqrt{n(n-1)}\}$

解答 (1) 分母と分子を n で割ると，

$$\frac{n^2}{n+1}=\frac{n}{1+\frac{1}{n}}$$

よって，

$$\lim_{n\to\infty}\frac{n^2}{n+1}=\lim_{n\to\infty}\frac{n}{1+\frac{1}{n}}=\infty \quad (\infty \text{ に発散})$$

(2) 分母と分子を n で割ると，

$$\frac{1-n^2}{n+2}=\frac{\frac{1}{n}-n}{1+\frac{2}{n}}$$

n が大きくなるとき，分母は 1 に近づき，分子は $-\infty$ に発散するので，

$$\lim_{n\to\infty}\frac{1-n^2}{n+2}=\lim_{n\to\infty}\frac{\frac{1}{n}-n}{1+\frac{2}{n}}=-\infty \quad (-\infty \text{ に発散})$$

(3) $a_n=2(-1)^{n-1}+\dfrac{1}{n}$ とおく．奇数項について，$a_{2n-1}=2+\dfrac{1}{2n-1}$ だから，

$$\lim_{n\to\infty}a_{2n-1}=\lim_{n\to\infty}\left(2+\frac{1}{2n-1}\right)=2$$

偶数項について，$a_{2n}=-2+\dfrac{1}{2n}$ だから，

$$\lim_{n\to\infty}a_{2n}=\lim_{n\to\infty}\left(-2+\frac{1}{2n}\right)=-2$$

したがって，$\{a_n\}$ は振動する．

1.4 数列の発散

(4) $\quad n - \sqrt{n(n-1)} = \dfrac{\left(n-\sqrt{n(n-1)}\right)\left(n+\sqrt{n(n-1)}\right)}{n+\sqrt{n(n-1)}}$

$\qquad\qquad\qquad\quad = \dfrac{n^2 - n(n-1)}{n+\sqrt{n(n-1)}} = \dfrac{n}{n+\sqrt{n(n-1)}}$

と分子の有理化を行う．次に，分母と分子を n で割ると

$$\lim_{n\to\infty}\left(n-\sqrt{n(n-1)}\right) = \lim_{n\to\infty}\dfrac{1}{1+\sqrt{1-\dfrac{1}{n}}} = \dfrac{1}{2} \qquad (収束)$$

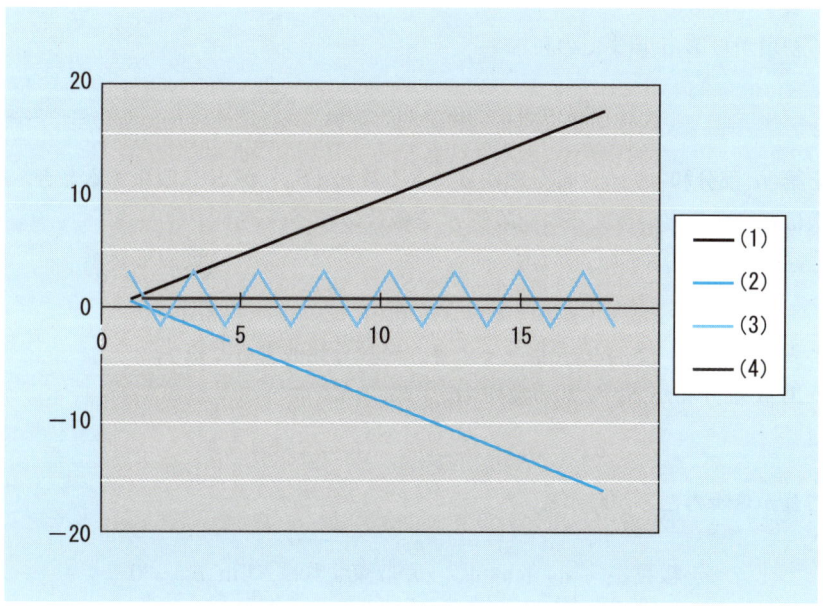

図 1.8

問　題

1.9 次の数列の収束・発散を調べよ．

(1) $\left\{\dfrac{n^3+1}{n^2+1}\right\}$　　(2) $\left\{\dfrac{1-n^3}{n(n+2)}\right\}$

(3) $\left\{\dfrac{1+(-1)^{n-1}n^2}{1+n^2}\right\}$　　(4) $\{n+(-1.1)^n\}$

1.5 級　数

数列 $\{a_n\}$ に対して，各項を順に加えた式
$$a_1 + a_2 + \cdots + a_n + \cdots$$
を**級数**という．この級数において，a_1 を**初項**，a_n を**第 n 項**という．級数は，
$$\sum_{n=1}^{\infty} a_n \quad \text{または} \quad \sum a_n$$
と表すこともある．

初項から第 n 項までの和
$$S_n = a_1 + a_2 + \cdots + a_n = \sum_{k=1}^{n} a_k$$
を**第 n 部分和**という．部分和からできる数列 $\{S_n\}$ が S に収束するとき，級数は**収束**するという．その極限値 S を級数の**和**といい，
$$a_1 + a_2 + \cdots + a_n + \cdots = S \quad \text{または} \quad \sum_{n=1}^{\infty} a_n = S$$
と表す．また，$\{S_n\}$ が発散するとき，級数も**発散**するという．

第 n 部分和が S_n である数列 $\{a_n\}$ について
$$a_n = S_n - S_{n-1} \quad (n = 2, 3, 4, \ldots)$$
これから次のことがわかる．

> 級数 $a_1 + a_2 + a_3 + \cdots$ が収束すれば，$\displaystyle\lim_{n\to\infty} a_n = 0$

しかしながら，この逆は成立しない．すなわち，
$$a_n = \sqrt{n+1} - \sqrt{n} = \frac{1}{\sqrt{n+1} + \sqrt{n}}$$
となる数列 $\{a_n\}$ は $\displaystyle\lim_{n\to\infty} a_n = 0$ であるが，
$$a_1 + a_2 + \cdots = \lim_{n\to\infty} \left\{ (\sqrt{2} - \sqrt{1}) + (\sqrt{3} - \sqrt{2}) + \cdots + (\sqrt{n+1} - \sqrt{n}) \right\}$$
$$= \lim_{n\to\infty} (\sqrt{n+1} - \sqrt{1}) = \infty$$
すなわち，この級数は ∞ に発散し，収束しない．

1.5 級　数

例題 1.6 ─────────────── 級数の和 ─

級数
$$\frac{1}{1\cdot 2} + \frac{1}{2\cdot 3} + \cdots + \frac{1}{n\cdot(n+1)} + \cdots$$
の和を求めよ．

解答
$$\frac{1}{n\cdot(n+1)} = \frac{1}{n} - \frac{1}{n+1}$$

と部分分数に分けると，第 n 部分和は，最初のものと最後のものを除いて次々と消去されるので

$$S_n = \left(\frac{1}{1} - \frac{1}{2}\right) + \left(\frac{1}{2} - \frac{1}{3}\right) + \left(\frac{1}{3} - \frac{1}{4}\right) + \cdots + \left(\frac{1}{n} - \frac{1}{n+1}\right)$$
$$= 1 - \frac{1}{n+1}$$

したがって，
$$\frac{1}{1\cdot 2} + \frac{1}{2\cdot 3} + \cdots + \frac{1}{n\cdot(n+1)} + \cdots = \lim_{n\to\infty}\left(1 - \frac{1}{n+1}\right) = 1$$

問　題

1.10 数列 $\{(-1)^n\}$ から作られる級数について，部分和 S_1, S_2, S_3, S_4 を求めよ．

1.11 次の級数の和を求めよ．

(1) $\dfrac{1}{1\cdot 3} + \dfrac{1}{3\cdot 5} + \cdots + \dfrac{1}{(2n-1)\cdot(2n+1)} + \cdots$

(2) $\dfrac{1}{1\cdot 2\cdot 3} + \dfrac{1}{2\cdot 3\cdot 4} + \cdots + \dfrac{1}{n\cdot(n+1)\cdot(n+2)} + \cdots$

1.12 (1) 級数
$$\frac{1}{\sqrt{1}+\sqrt{2}} + \frac{1}{\sqrt{2}+\sqrt{3}} + \cdots + \frac{1}{\sqrt{n}+\sqrt{n+1}} + \cdots$$
の極限を調べよ．

(2) $\dfrac{1}{\sqrt{1}} + \dfrac{1}{\sqrt{2}} + \dfrac{1}{\sqrt{3}} + \cdots = \infty$ を示せ．

1.6 等比級数

$a_1 = a$ として，次々に一定の値 r をかけて作られる数列

$$a, \quad ar, \quad ar^2, \quad ..., \quad ar^{n-1}, \quad ...$$

は**等比数列**と呼ばれる．この数列において，a は**初項**，r は**公比**と呼ばれる．

等比数列から作られる級数

$$a + ar + ar^2 + \cdots + ar^{n-1} + \cdots = \sum_{n=1}^{\infty} ar^{n-1}$$

は，**等比級数**と呼ばれる．この級数の第 n 部分和 S_n を求めよう．S_n と rS_n を次のように並べて書いてみる．

$$
\begin{array}{rcccccccc}
S_n &=& a &+& ar &+& ar^2 &+& \cdots &+& ar^{n-1} & \\
-)\quad rS_n &=& & & ar &+& ar^2 &+& \cdots &+& ar^{n-1} &+& ar^n \\
\hline
S_n - rS_n &=& a & & & & & & & & & & - ar^n
\end{array}
$$

よって，$r \neq 1$ のとき，

$$S_n = a + ar + ar^2 + \cdots + ar^{n-1} = \frac{a(1-r^n)}{1-r}$$

したがって，$|r| < 1$ のとき，級数は収束してその和は

$$\sum_{n=1}^{\infty} ar^{n-1} = a + ar + ar^2 + \cdots + ar^{n-1} + \cdots = \frac{a}{1-r}$$

1.6 等比級数

例題 1.7 ─ 級数の和 ─

次の級数の和を求めよ．

(1) $\displaystyle\sum_{n=1}^{\infty}\left(\frac{1}{2}\right)^{n-1}$ (2) $\displaystyle\sum_{n=1}^{\infty}\left(\frac{1}{2}\right)^{n}$ (3) $\displaystyle\sum_{n=1}^{\infty}\left(\frac{1}{2^n}+\frac{1}{3^n}\right)$

解答

(1) $\displaystyle\sum_{n=1}^{\infty}\left(\frac{1}{2}\right)^{n-1}$ は初項 1，項比 $\frac{1}{2}$ の等比級数だから，

$$\sum_{n=1}^{\infty}\left(\frac{1}{2}\right)^{n-1}=\frac{1}{1-\frac{1}{2}}=2$$

(2) $\displaystyle\sum_{n=1}^{\infty}\left(\frac{1}{2}\right)^{n}$ は初項 $\frac{1}{2}$，項比 $\frac{1}{2}$ の等比級数だから，

$$\sum_{n=1}^{\infty}\left(\frac{1}{2}\right)^{n}=\frac{\frac{1}{2}}{1-\frac{1}{2}}=1$$

(3) 第 n 部分和は，

$$\sum_{k=1}^{n}\left(\frac{1}{2^k}+\frac{1}{3^k}\right)=\sum_{k=1}^{n}\frac{1}{2^k}+\sum_{k=1}^{n}\frac{1}{3^k}$$

だから，

$$\begin{aligned}\sum_{k=1}^{\infty}\left(\frac{1}{2^k}+\frac{1}{3^k}\right)&=\lim_{n\to\infty}\left(\sum_{k=1}^{n}\frac{1}{2^k}+\sum_{k=1}^{n}\frac{1}{3^k}\right)\\&=\lim_{n\to\infty}\sum_{k=1}^{n}\frac{1}{2^k}+\lim_{n\to\infty}\sum_{k=1}^{n}\frac{1}{3^k}\\&=\frac{\frac{1}{2}}{1-\frac{1}{2}}+\frac{\frac{1}{3}}{1-\frac{1}{3}}\\&=1+\frac{1}{2}=\frac{3}{2}\end{aligned}$$

例題 1.8 　　　　　　　　　　　　　　　　　等差・等比級数の和

$|r| < 1$ のとき，級数
$$a + 2ar + 3ar^2 + \cdots + nar^{n-1} + \cdots$$
の和を求めよ．

解答 第 n 部分和を S_n とおき，$S_n - rS_n$ を作ると

$$
\begin{array}{rccccccc}
S_n =& a &+& 2ar &+& 3ar^2 &+ \cdots +& nar^{n-1} \\
-)\ rS_n =& & & ar &+& 2ar^2 &+ \cdots +& (n-1)ar^{n-1} + nar^n \\
\hline
(1-r)S_n =& a &+& ar &+& ar^2 &+ \cdots +& ar^{n-1} - nar^n
\end{array}
$$

（各項に $\times r$）

したがって，
$$(1-r)S_n = (a + ar + \cdots + ar^{n-1}) - nar^n = \frac{a(1-r^n)}{1-r} - anr^n$$

$|r| < 1$ のとき，$\displaystyle\lim_{n\to\infty} nr^n = 0$ に注意すると，
$$a + 2ar + 3ar^2 + \cdots + nar^{n-1} + \cdots = \lim_{n\to\infty} S_n = \frac{a}{(1-r)^2}$$

参考 $|r| < 1$ のとき，$\displaystyle\lim_{n\to\infty} nr^n = 0$ を示そう．

$r = 0$ のときは明らかに成立するので，$0 < |r| < 1$ のときを示せばよい．このとき，$1/|r| = 1 + h$ とおくと，$h > 0$. 2項定理から，
$$|nr^n| = \frac{n}{(1+h)^n} \leq \frac{n}{1 + nh + {}_nC_2 h^2} = \frac{1}{\frac{1}{n} + h + \frac{n-1}{2}h^2} \longrightarrow 0 \quad (n \to \infty)$$

よって，挟み撃ちの原理から求める式を得る．

問題

1.13 次の級数の和を求めよ．

(1) $\displaystyle\sum_{n=1}^{\infty} \frac{1+2^n}{3^n}$ 　　(2) $1 + \dfrac{2}{2} + \dfrac{3}{2^2} + \cdots + \dfrac{n}{2^{n-1}} + \cdots$

1.6 等比級数

例題 1.9 — 等比級数の和

辺の長さが 1 の正三角形 ABC から各辺 BC, CA, AB の中点 A_1, B_1, C_1 を結んでできる正三角形を取り除く．次に，残った 3 つの正三角形 AC_1B_1, BA_1C_1, CB_1A_1 のそれぞれから辺の中点を結んでできる中央の正三角形を取り除く．さらに，残った 3^2 個の正三角形のそれぞれから辺の中点を結んでできる中央の正三角形を取り除く．この操作を無限に繰り返す．

正三角形 ABC の面積を S，最初に取り除かれた正三角形 $A_1B_1C_1$ の面積を S_1 とする．次に取り除かれた 3 つの正三角形の面積の総和を S_2 などと定義して，数列 $\{S_n\}$ を定める．このとき，

$$S_1 + S_2 + S_3 + \cdots = S$$

であることを示せ．

解答 $S_1 = \dfrac{S}{4}$, $S_2 = 3 \times \dfrac{S_1}{4} = \dfrac{3}{4}S_1$, $S_3 = 3 \times \dfrac{S_2}{4} = \dfrac{3^2}{4^2}S_1$

であるから，$\{S_n\}$ は初項 $S_1 = \dfrac{1}{4}S$，項比 $\dfrac{3}{4}$ の等比数列である．よって，

$$\begin{aligned}S_1 + S_2 + S_3 + \cdots &= S_1 + \frac{3}{4}S_1 + \frac{3^2}{4^2}S_1 + \cdots \\ &= \frac{S_1}{1 - \frac{3}{4}} = \frac{\frac{1}{4}S}{\frac{1}{4}} = S\end{aligned}$$

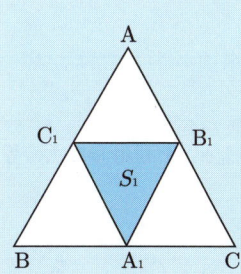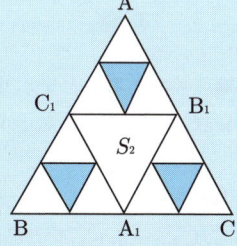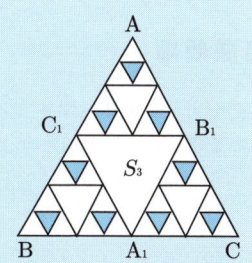

図 1.9

第1章 数列と極限

問 題

1.14 辺の長さが 1 の正三角形の各辺を三等分して中央の辺の上にその辺を 1 辺とする正三角形を外側にくっつける．次に 3×4 個の小さい辺を三等分して中央の辺の上にその辺を 1 辺とする正三角形を外側にくっつける．さらに，$(3 \times 4) \times 4$ 個の小さい辺を三等分して中央の辺の上にその辺を 1 辺とする正三角形を外側にくっつける．この操作を無限に繰り返すとき，各段階における図形の面積および周の長さを求め，それらの極限値を求めよ．

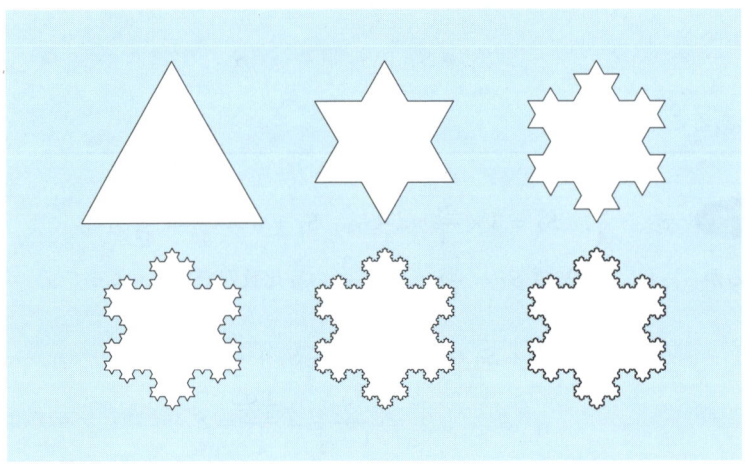

図 1.10

発展問題 1

1. $\sqrt{2}, \sqrt{2}+2, \sqrt{2}+\sqrt{3}$ は無理数であることを示せ．
2. 2 項展開 $(1+x)^n = {}_nC_0 + {}_nC_1 x + {}_nC_2 x^2 + \cdots + {}_nC_n x^n$ を利用して次の等式を証明せよ．
   (1) ${}_nC_0 + {}_nC_1 + \cdots + {}_nC_n = 2^n$
   (2) ${}_{2n}C_0 + {}_{2n}C_2 + \cdots + {}_{2n}C_{2n} = {}_{2n}C_1 + {}_{2n}C_3 + \cdots + {}_{2n}C_{2n-1} = \dfrac{2^{2n}}{2}$
3. 級数 $1 + \dfrac{1}{2} + \dfrac{1}{3} + \cdots$ について，Excel を用いて計算すると

$$\sum_{n=1}^{10} \frac{1}{n} = 2.92897\cdots \qquad \sum_{n=1}^{100} \frac{1}{n} = 5.18738\cdots$$

$$\sum_{n=1}^{1000} \frac{1}{n} = 7.48547\cdots \qquad \sum_{n=1}^{10000} \frac{1}{n} = 9.78761\cdots$$

である．すると，部分和は有界となって級数は収束するのであろうか？

4 次の数列を考える．

$$\sqrt{2}, \quad \sqrt{2}^{\sqrt{2}}, \quad \sqrt{2}^{\sqrt{2}^{\sqrt{2}}}, \quad \ldots$$

(1) $a_1 = \sqrt{2}$, $a_{n+1} = \sqrt{2}^{a_n}$ $(n=1,2,3,...)$ とおくと，$\sqrt{2} \leqq a_n < 2$ を示せ．
(2) $\{a_n\}$ は単調増加数列であることを示せ．
(3) $a_1, a_2, a_3, \ldots, a_{10}$ を計算して，$\lim_{n\to\infty} a_n = 2$ であることを確かめよう．

5 漸化式

$$x_1 = a, \qquad x_{n+1} = a^{x_n} \qquad (n=1,2,3,...)$$

で定まる数列 $a, a^a, a^{a^a}, a^{a^{a^a}}, \ldots$ を考える．$a=1$, $a=1.1$, $a=1.2$, $a=1.3$, $a=1.4$, $a=1.5$, $a=1.6$ について $\{x_n\}$ を Excel で計算し，極限 $\lim_{n\to\infty} x_n$ が有限値となる a について調べよう．

6 次の漸化式で定まる数列 $\{a_n\}$ を考える．

$$a_1 = 2, \qquad a_{n+1} = \frac{1}{2}\left(a_n + \frac{2}{a_n}\right) \qquad (n=1,2,...)$$

(1) $\sqrt{2} < a_n \leqq 2$ を示せ．
(2) $a_{n+1} - \sqrt{2} < 2^{-1}(a_n - \sqrt{2})$ を示せ．
(3) $\lim_{n\to\infty} a_n = \sqrt{2}$ を示せ．

7 次の漸化式で定まる数列 $\{a_n\}$ を考える．

$$a_1 = 0.1, \qquad a_{n+1} = a_n(4 - a_n) \qquad (n=1,2,...)$$

この数列の散布図を描き，この数列の極限を調べよ．

8 級数 $1 - \frac{1}{2} + \frac{1}{3} - \frac{1}{4} + \frac{1}{5} - \cdots$ の第 n 部分和を S_n とする．

(1) S_{2n} は単調増加であることを示せ．
(2) $S_{2n} < 1$ を示せ．
(3) $\lim_{n\to\infty} S_{2n} = S$ とすると，次を示せ．

$$1 - \frac{1}{2} + \frac{1}{3} - \frac{1}{4} + \frac{1}{5} - \cdots = S$$

第2章

微 分 法

2.1 関数の極限

関数 $f(x)$ に対して，x が限りなく a に近づくとき，$f(x)$ が限りなく A に近づくならば，

$$\lim_{x \to a} f(x) = A \qquad (*)$$

と表す．このとき，A は，$f(x)$ の $x = a$ における**極限値**と呼ばれる．$(*)$ から次が示される：

$$\lim_{x \to a} \{f(x) - A\} = 0$$

例えば，

$$\lim_{x \to 1} x^2 = 1^2 = 1 \quad \text{かつ} \quad \lim_{x \to 1} (x^2 - 1) = 1^2 - 1 = 0$$

である．一方，

$$\lim_{x \to 1} \frac{x^2 - 1}{x - 1}$$

はどうであろうか．分数式において，直ちに，$x = 1$ を代入することはできない．そこで，$x \neq 1$ のとき，

$$\frac{x^2 - 1}{x - 1} = \frac{(x-1)(x+1)}{x - 1} = x + 1$$

と変形して，

$$\lim_{x \to 1} \frac{x^2 - 1}{x - 1} = \lim_{x \to 1} (x+1) = 1 + 1 = 2$$

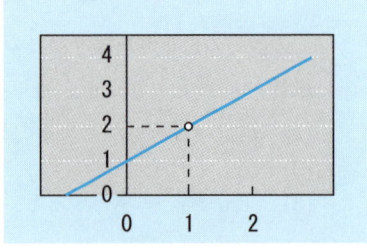

図 2.1

参考 図 2.1 は Excel で描いた図である．その書き方については付録 **A.2** を参照して欲しい．

2.1 関数の極限

例題 2.1 ──────────────────────────── 関数の極限 ──

次の極限値を求めよ．

(1) $\displaystyle\lim_{x\to 2}\frac{x^3+8}{x+2}$　　(2) $\displaystyle\lim_{x\to 2}\frac{x^3-8}{x-2}$

解答 (1) $\displaystyle\lim_{x\to 2}\frac{x^3+8}{x+2}=\frac{2^3+8}{2+2}=4$

(2) 分数式に直接 $x=2$ が代入できないので，分子を
$$x^3-8=(x-2)(x^2+2x+4)$$
と因数分解する．このとき，
$$\lim_{x\to 2}\frac{x^3-8}{x-2}=\lim_{x\to 2}\frac{(x-2)(x^2+2x+4)}{x-2}$$
$$=\lim_{x\to 2}(x^2+2x+4)$$
$$=4+4+4=12$$

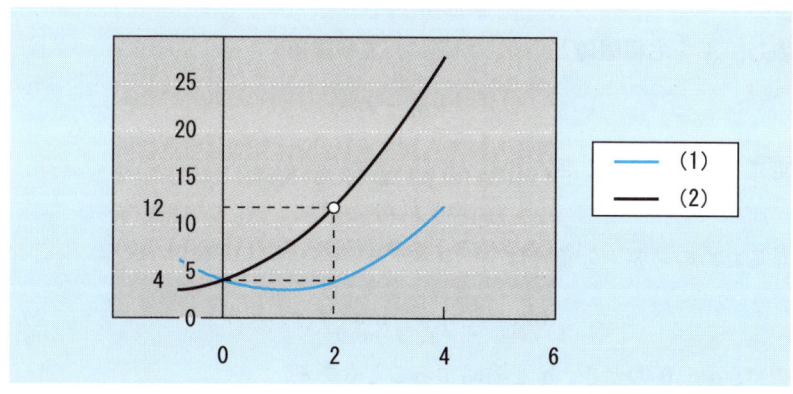

図 2.2

── 問 題 ──────────────────────────

2.1 次の極限値を求めよ．

(1) $\displaystyle\lim_{x\to 0}\frac{x-2}{x^2-4}$　　(2) $\displaystyle\lim_{x\to 2}\frac{x-2}{x^2-4}$

(3) $\displaystyle\lim_{x\to 1}\frac{x^3+1}{x+1}$　　(4) $\displaystyle\lim_{x\to -1}\frac{x^3+1}{x+1}$

極限値について，次の定理が成立する．

> **定理 2.1** $\lim_{x \to a} f(x) = A$, $\lim_{x \to a} g(x) = B$ とする.
> (1) $\lim_{x \to a} \{f(x) + g(x)\} = A + B$
> (2) $\lim_{x \to a} \{\alpha f(x)\} = \alpha A$ （α：定数）
> (3) $\lim_{x \to a} \{f(x)g(x)\} = AB$
> (4) $\lim_{x \to a} \dfrac{f(x)}{g(x)} = \dfrac{A}{B}$ （$B \neq 0$, $g(x) \neq 0$）

$x > a$ であって x が限りなく a に近づくとき，$f(x)$ が限りなく A に近づくならば，

$$\lim_{x \to a+0} f(x) = A$$

と表し，A を**右極限値**という．同様に，**左極限値**

$$\lim_{x \to a-0} f(x)$$

も定義される．このとき，

$$\lim_{x \to a} f(x) = A$$

となるための必要十分条件は

$$\lim_{x \to a+0} f(x) = \lim_{x \to a-0} f(x) = A$$

ここで，$a = 0$ のとき，a を省略することもある．

例えば，$\lim_{x \to +0} \dfrac{1}{x}$ を考えよう．

$x = 1$ のとき，$\dfrac{1}{1} = 1$

$x = 0.1$ のとき，$\dfrac{1}{0.1} = 10$

$x = 0.01$ のとき，$\dfrac{1}{0.01} = 100$

$x = 0.001$ のとき，$\dfrac{1}{0.001} = 1000$

⋮

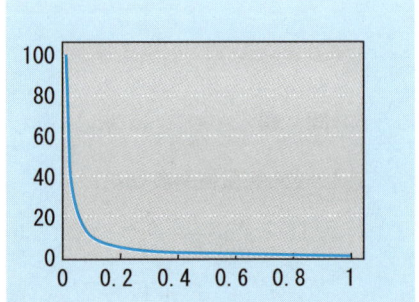

図 2.3

2.1 関数の極限

のように，x が小さくなると，$\dfrac{1}{x}$ の値はどんどん大きくなる．このとき，

$$\lim_{x \to +0} \frac{1}{x} = \infty$$

と表す．また，x が負の値をとりながら 0 に近づくとき，$\dfrac{1}{x}$ の値は負でその絶対値はどんどん大きくなる．このとき，

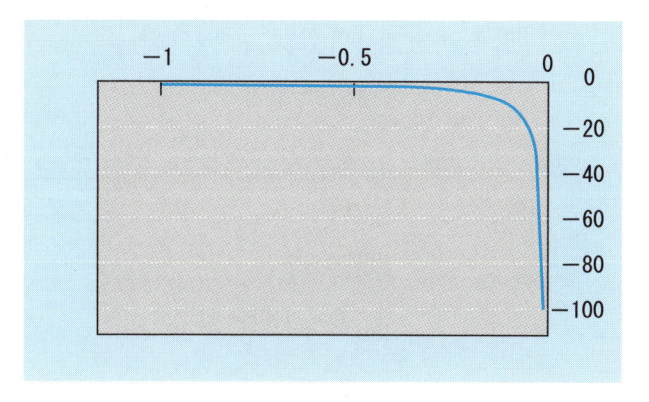

図 2.4

$$\lim_{x \to -0} \frac{1}{x} = -\infty$$

と表す．この 2 つの極限値が異なるので，

$$\lim_{x \to 0} \frac{1}{x} \text{ は存在しない}$$

x が限りなく大きくなるとき，$f(x)$ が限りなく A に近づくならば，

$$\lim_{x \to \infty} f(x) = A$$

と表す．同様に，x が負でその絶対値が限りなく大きくなるとき，$f(x)$ が限りなく A に近づくならば，

$$\lim_{x \to -\infty} f(x) = A$$

と表す．

例題 2.2 — 関数の極限

$$\lim_{x \to 1} \frac{x^2 + a}{x - 1} = b$$

となるように定数 a, b を定めよ．

解答 まず，

$$\lim_{x \to 1}(x^2 + a) = \lim_{x \to 1}\left\{\frac{x^2 + a}{x - 1} \times (x - 1)\right\}$$
$$= b \times 0 = 0$$

に注意すると，$1 + a = 0$，すなわち，$a = -1$ であることがわかる．
したがって，

$$b = \lim_{x \to 1} \frac{x^2 - 1}{x - 1}$$
$$= \lim_{x \to 1} \frac{(x - 1)(x + 1)}{x - 1}$$
$$= \lim_{x \to 1}(x + 1) = 2$$

問題

2.2 次の極限値が存在するときはその値を求めよ．

(1) $\displaystyle \lim_{x \to 1} \frac{x - 1}{x^2 - 1}$ 　(2) $\displaystyle \lim_{x \to 2} \frac{\sqrt{x + 2} - 2}{x - 2}$

(3) $\displaystyle \lim_{x \to 1+0} \frac{x}{x - 1}$ 　(4) $\displaystyle \lim_{x \to 1-0} \frac{x}{x - 1}$

(5) $\displaystyle \lim_{x \to \infty} \frac{x^2 - 1}{x^2 + 1}$ 　(6) $\displaystyle \lim_{x \to -\infty} \frac{\sqrt{x^2 - x + 1} + x}{x}$

2.3
$$\lim_{x \to 2} \frac{x^2 + ax + b}{x - 2} = 1$$

となるように定数 a, b を定めよ．

2.2 連続関数

関数 $f(x)$ が $x=a$ で連続であるとは
$$\lim_{x \to a} f(x) = f(a)$$
が成立するときをいう.関数 $f(x)$ が区間のすべての点で連続であればその区間上で**連続**であるという.

極限値の性質(定理 2.1)から次の定理が示される.

> **定理 2.2** 関数 $f(x), g(x)$ が連続であれば,和 $f(x)+g(x)$,差 $f(x)-g(x)$,積 $f(x)g(x)$ は連続である.また,$g(x) \neq 0$ ならば,商 $\dfrac{f(x)}{g(x)}$ も連続である.

関数 $f(x)$ が連続であることと,曲線 $y=f(x)$ が切れ目なくつながっていることとは同じである.このことに注意すると次の定理が示される.

> **定理 2.3**(中間値の定理) $f(x)$ は連続で $f(a) \neq f(b)$ であれば,$f(a)$ と $f(b)$ の間にある数 k に対して,
> $$f(c) = k$$
> となる c が a と b の間 $(a<c<b)$ に存在する.

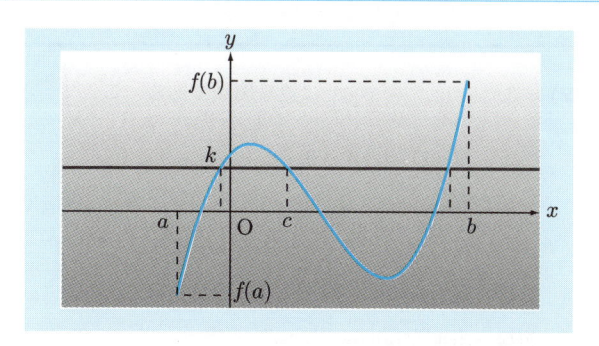

図 2.5

例題 2.3 ────────── 中間値の定理

連続関数 $y = f(x)$ において，$f(a)f(b) < 0$ であれば，$f(c) = 0$ となる c が a と b の間に存在することを示せ．

解答 $a < b$, $f(a) > 0$, $f(b) < 0$ のときを示そう．このとき，

$$f(a) > 0 > f(b)$$

であるから，中間値の定理（定理 2.3）で $k = 0$ のときを考えると

$$f(c) = k = 0$$

となる c が a と b の間に存在する．

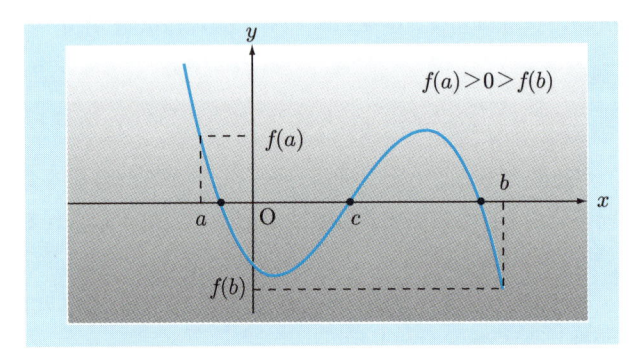

図 2.6

例題 2.4 ────────── 方程式の解の個数

$3x^3 - 6x^2 + x + 1 = 0$ の実数解は 3 つあることを示せ．

解答 $f(x) = 3x^3 - 6x^2 + x + 1$ は連続関数である．ここで，

$$f(-1) = -3 - 6 - 1 + 1 = -9 < 0$$
$$f(0) = 1 > 0$$
$$f(1) = 3 - 6 + 1 + 1 = -1 < 0$$
$$f(2) = 24 - 24 + 2 + 1 = 3 > 0$$

に注意しよう．中間値の定理を利用すると，

$$f(c_1) = 0 \quad (-1 < c_1 < 0)$$
$$f(c_2) = 0 \quad (0 < c_2 < 1)$$
$$f(c_3) = 0 \quad (1 < c_3 < 2)$$

となる c_1, c_2, c_3 が存在することがわかる．3次方程式の解は3つだから，これらが求める解である．

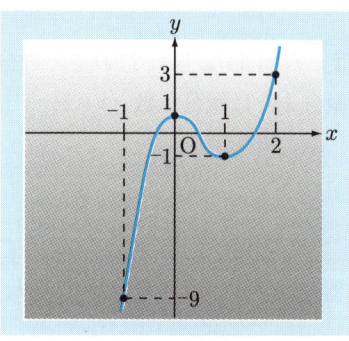

図 2.7

問題

2.4 方程式
$$3x(x-2)(x-4) + 1 = 0$$
の実数解の個数を求めよ．

2.5 関数 $y = f(x)$ のグラフが下のように与えられている．このとき，方程式 $f(x) = k$ の解の個数を調べよ．

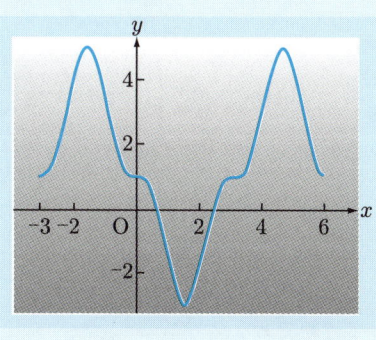

図 2.8

2.3 微分

関数 $y = f(x)$ に対して,極限値

$$\lim_{x \to a} \frac{f(x) - f(a)}{x - a}$$

が存在して有限であれば,$f(x)$ は $x = a$ において**微分可能**であるという.この極限値を a における**微分**または**微分係数**といい,$f'(a)$ で表す:

$$f'(a) = \lim_{x \to a} \frac{f(x) - f(a)}{x - a}$$

微分の定義において,$h = x - a$ とおくと,

$$f'(a) = \lim_{h \to 0} \frac{f(a+h) - f(a)}{h}$$

微分係数 $f'(x)$ を x の関数とみたとき**導関数**といい,

$$y', \quad f'(x), \quad \frac{dy}{dx}, \quad \frac{df}{dx}, \quad \left(\frac{d}{dx}\right)f(x)$$

などでも表す.

> **定理 2.4** 関数 $f(x)$ は,$x = a$ で微分可能ならば,$x = a$ で連続である.

証明 $f'(a)$ が存在するので,

$$\lim_{x \to a}\{f(x) - f(a)\} = \lim_{x \to a}\left\{(x-a)\frac{f(x)-f(a)}{x-a}\right\}$$
$$= 0 \times f'(a) = 0$$

よって,

$$\lim_{x \to a} f(x) = f(a)$$

となり,$f(x)$ は $x = a$ で連続である.

2.3 微分

例題 2.5 ──────────────────────────── 関数の微分 ─

関数
$$y = x^3$$
を微分せよ．

解答 因数分解
$$(x+h)^3 - x^3 = \{(x+h) - x\}\{(x+h)^2 + x(x+h) + x^2\}$$
を利用すると，
$$\begin{aligned}
y' &= \lim_{h \to 0} \frac{(x+h)^3 - x^3}{h} \\
&= \lim_{h \to 0} \{(x+h)^2 + x(x+h) + x^2\} \\
&= 3x^2
\end{aligned}$$

問題

2.6 定義にしたがって次の関数を微分せよ．
  (1) $2x$ 　　(2) $x^2 - 3x + 1$
  (3) $\sqrt{x+1}$ 　　(4) $\dfrac{1}{x+1}$

2.7 (1) $S_n = a^n + a^{n-1}b + a^{n-2}b^2 + \cdots + ab^{n-1} + b^n$ とおく．$aS_n - bS_n$ を計算せよ．
  (2) (1) を利用して，極限値
$$\lim_{x \to a} \frac{x^n - a^n}{x - a}$$
を求めよ．

2.8 関数 $y = |x|$ は $x = 0$ で微分可能でないことを示せ．

2.9 関数
$$f(x) = \begin{cases} x^2 + 1 & (x \geqq 1) \\ ax + b & (x < 1) \end{cases}$$
が $x = 1$ で微分可能となるように定数 a, b を定めよ．

2.4 微分の基本的性質

いろいろな関数を微分するとき，次の定理が基本的である．

定理 2.5 関数 $f(x)$, $g(x)$ が x で微分可能のとき，

(1) $\bigl(f(x)+g(x)\bigr)' = f'(x)+g'(x)$

(2) $\bigl(kf(x)\bigr)' = kf'(x)$ 　　(k：定数)

(3) $\bigl(f(x)g(x)\bigr)' = f'(x)g(x)+f(x)g'(x)$ 　　(積の微分法)

(4) $g'(x) \neq 0$ ならば，$\left(\dfrac{f(x)}{g(x)}\right)' = \dfrac{f'(x)g(x)-f(x)g'(x)}{\{g(x)\}^2}$

(商の微分法)

証明 まず (1) を示す．定義から

$$\bigl(f(x)+g(x)\bigr)' = \lim_{h\to 0}\frac{\{f(x+h)+g(x+h)\}-\{f(x)+g(x)\}}{h}$$

$$= \lim_{h\to 0}\left\{\frac{f(x+h)-f(x)}{h}+\frac{g(x+h)-g(x)}{h}\right\}$$

$$= f'(x)+g'(x)$$

定数 k に対して

$$\bigl(kf(x)\bigr)' = \lim_{h\to 0}\frac{kf(x+h)-kf(x)}{h} = k\lim_{h\to 0}\frac{f(x+h)-f(x)}{h} = kf'(x)$$

より，(2) が示される．

(3) の左辺は定義より

$$\bigl(f(x)g(x)\bigr)' = \lim_{h\to 0}\frac{f(x+h)g(x+h)-f(x)g(x)}{h} \qquad (*)$$

ここで，

$$f(x+h)g(x+h)-f(x)g(x)$$
$$= \{f(x+h)-f(x)\}g(x+h)+f(x)\{g(x+h)-g(x)\}$$

と変形し，$\lim_{h \to 0} g(x+h) = g(x)$ に注意すると，

$$(*) = \lim_{h \to 0} \left\{ \frac{f(x+h) - f(x)}{h} g(x+h) + f(x) \frac{g(x+h) - g(x)}{h} \right\}$$

$$= f'(x)g(x) + f(x)g'(x)$$

(4) の証明のために，まず

$$\left(\frac{1}{g(x)} \right)' = \frac{-g'(x)}{\{g(x)\}^2} \tag{4'}$$

を示す．実際，

$$\left(\frac{1}{g(x)} \right)' = \lim_{h \to 0} \frac{1}{h} \left(\frac{1}{g(x+h)} - \frac{1}{g(x)} \right)$$

$$= \lim_{h \to 0} \left(-\frac{g(x+h) - g(x)}{h} \frac{1}{g(x+h)g(x)} \right) = -\frac{g'(x)}{\{g(x)\}^2}$$

そこで，(4') と (3) を利用すると

$$\left(\frac{f(x)}{g(x)} \right)' = f'(x) \frac{1}{g(x)} + f(x) \left(\frac{1}{g(x)} \right)'$$

$$= \frac{f'(x)}{g(x)} + f(x) \frac{-g'(x)}{\{g(x)\}^2}$$

$$= \frac{f'(x)g(x) - f(x)g'(x)}{\{g(x)\}^2}$$

となり，(4) が示された．

問題

2.10 次の関数を微分せよ．

(1) $x^4 + x^2 + 1$ 　　(2) $(x^2 - x + 1)(x^2 + x + 1)$

(3) $x + \dfrac{1}{x}$ 　　(4) $\dfrac{x-1}{x+1}$

2.11 微分可能な 3 つの関数 $f(x), g(x), h(x)$ に対して，

$$(f(x)g(x)h(x))' = f'(x)g(x)h(x) + f(x)g'(x)h(x)$$
$$+ f(x)g(x)h'(x)$$

であることを示せ．

2.5 合成関数の微分法

2つの関数 $u = f(x)$, $y = g(u)$ から，新たな関数

$$y = g(f(x))$$

を合成する．これを f と g の**合成関数**といい，

$$(g \circ f)(x)$$

と表すこともある．

例題 2.6 ────────────────── 合成関数

次の関数から合成関数 $g \circ f(x)$, $f \circ g(x)$ を作れ．
(1) $g(x) = x^2$, $f(x) = 2x+1$
(2) $g(x) = x^2 - 2$, $f(x) = \sqrt{x+2}$

解答 (1) $g \circ f(x) = g(f(x)) = \{f(x)\}^2 = (2x+1)^2 = 4x^2 + 4x + 1$

$f \circ g(x) = f(g(x)) = 2g(x) + 1 = 2x^2 + 1$

(2) $g \circ f(x) = \{f(x)\}^2 - 2 = (x+2) - 2 = x$

$f \circ g(x) = \sqrt{g(x) + 2} = \sqrt{(x^2 - 2) + 2} = |x|$

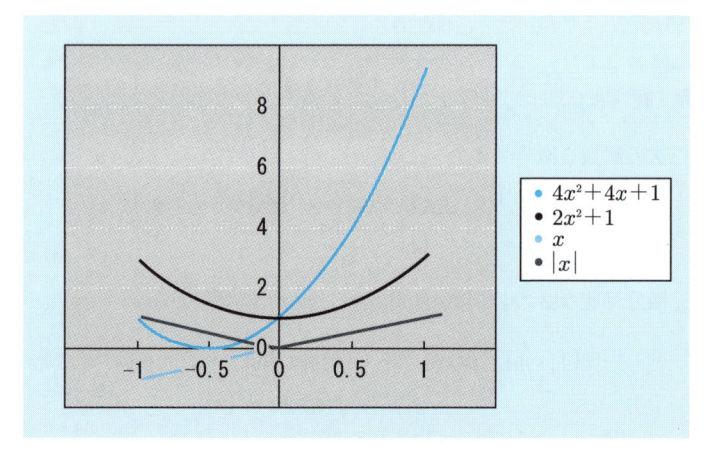

図 2.9

2.5 合成関数の微分法

定理 2.6 (合成関数の微分法) 合成関数 $y = (g \circ f)(x)$ について,
$$\bigl((g \circ f)(x)\bigr)' = g'(f(x))f'(x)$$

ここで, $u = f(x)$ とおくと,
$$g'(f(x)) = g'(u) = \frac{dy}{du}$$
に注意すると,
$$\frac{dy}{dx} = \frac{dy}{du}\frac{du}{dx}$$
と表すこともできる.

証明 $f(x+h) = A+k, A = f(x)$ とおくと
$$\bigl(g(f(x))\bigr)' = \lim_{h \to 0} \frac{g(f(x+h)) - g(f(x))}{h}$$
$$= \lim_{h \to 0} \frac{g(A+k) - g(A)}{h}$$
$$= \lim_{h \to 0} \left\{ \frac{g(A+k) - g(A)}{k} \frac{k}{h} \right\}$$
$$= (*)$$

ここで, $k = f(x+h) - A = f(x+h) - f(x)$ に注意すると
$$(*) = \lim_{h \to 0} \left\{ \frac{g(A+k) - g(A)}{k} \frac{f(x+h) - f(x)}{h} \right\}$$
$$= g'(A)f'(x)$$
$$= g'(f(x))f'(x)$$

したがって, 与式が示された.

例題 2.7 ─────合成関数の微分

次の関数を微分せよ．
(1) $(2x+1)^3$ (2) $(x^2-x+1)^2$

解答 (1) $u = 2x+1$ とおくと，$y = (2x+1)^3 = u^3$. このとき，
$$\frac{dy}{du} = 3u^2, \quad \frac{du}{dx} = 2$$
であるから，合成関数の微分法により，
$$\frac{dy}{dx} = \frac{dy}{du}\frac{du}{dx} = 3u^2 \times 2 = 6u^2 = 6(2x+1)^2$$

(2) $u = x^2 - x + 1$ とおくと，$y = (x^2-x+1)^2 = u^2$. このとき，
$$\frac{dy}{du} = 2u, \quad \frac{du}{dx} = 2x - 1$$
であるから，合成関数の微分法により，
$$\frac{dy}{dx} = \frac{dy}{du}\frac{du}{dx} = 2u \times (2x-1) = 2(x^2-x+1)(2x-1)$$

問題

2.12 次の関数を微分せよ．
(1) $(2x+1)^2$ (2) $(3x-1)^3$
(3) $(x^2+1)^2$ (4) $\left(\dfrac{x-1}{x+1}\right)^2$

2.13 すべての x に対して，
$$f(x) = f(-x)$$
となる関数 $f(x)$ は**偶関数**と呼ばれる．また，すべての x に対して，
$$f(x) = -f(-x)$$
となる関数 $f(x)$ は**奇関数**と呼ばれる．$f(x)$ は微分可能とすると
(1) $f(x)$ が偶関数ならば，$f'(x)$ は奇関数であり，$f'(0) = 0$ となることを示せ．
(2) $f(x)$ が奇関数ならば，$f'(x)$ は偶関数となることを示せ．

2.6 逆 関 数

関数 $f(x)$ が開区間 (a,b) 上で (**狭義**) **単調増加**とは,

$$a < x_1 < x_2 < b \text{ ならば}, \quad f(x_1) < f(x_2)$$

が成立するときをいう；また,

$$a < x_1 < x_2 < b \text{ ならば}, \quad f(x_1) > f(x_2)$$

のとき, $f(x)$ は開区間 (a,b) 上で (**狭義**) **単調減少**という.

> **定理 2.7** (**逆関数の存在定理**) 関数 $f(x)$ は開区間 (a,b) 上微分可能かつ (狭義) 単調増加とし,
>
> $$\alpha = \lim_{x \to a} f(x), \qquad \beta = \lim_{x \to b} f(x)$$
>
> とおく. このとき, 開区間 (α, β) 上の微分可能な関数 $y = g(x)$ で
> (1) すべての p $(a < p < b)$ に対して, $g(f(p)) = p$
> (2) すべての q $(\alpha < q < \beta)$ に対して, $f(g(q)) = q$
> (3) $f'(x) \neq 0$ であれば,
>
> $$g'(q) = \frac{1}{f'(p)} \qquad (q = f(p)) \qquad (*)$$
>
> となるものが存在する. g は f の**逆関数**と呼ばれ, $g = f^{-1}$ と表される. このとき,
>
> $$f^{-1}(f(p)) = p \quad (a < p < b); \quad f(f^{-1}(q)) = q \quad (\alpha < q < \beta)$$

証明 中間値の定理より, $\alpha < q < \beta$ に対して,
$$f(p) = q$$
となる p が開区間 (a,b) に存在する. しかも, $f(x)$ が開区間 (a,b) 上で狭義単調増加だから, そのような p はただ 1 つである. そこで, $p = g(q)$ と表すことによって, 区間 (α, β) 上の関数 g が定まる.

このとき, $f(x)$ と同様に $g(x)$ も単調増加である. 十分小さな $h > 0$ に対して,

図 2.10　　　　　　図 2.11

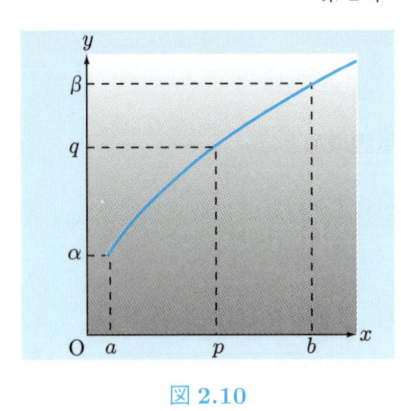

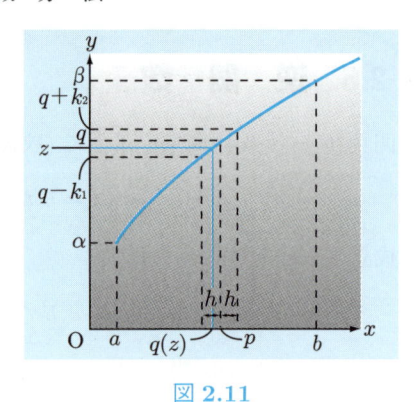

$q - k_1 = f(p - h)$, $q + k_2 = f(p + h)$ によって，k_1, k_2 を定める．すると，$q - k_1 < z < q + k_2$ ならば，
$$p - h < g(z) < p + h$$
$h \to 0$ のとき，$k_1 \to 0, k_2 \to 0$ だから $z \to q$．したがって，$\lim_{z \to q} g(z) = p$ となり，$g(x)$ は (α, β) 上連続である．さらに，$t = g(z) - p$ とおくと，$z = f(p + t)$．よって，$z \to q$ のとき $t \to 0$ であるので，
$$\frac{g(z) - g(q)}{z - q} = \frac{t}{f(p+t) - f(p)} = \frac{1}{\dfrac{f(p+t) - f(p)}{t}} \to \frac{1}{f'(p)}$$

つまり，$g'(q) = 1/f'(p)$ となり，(3) も成立する．

ここで，$y = f^{-1}(x)$ とおくと $x = f(y)$ である．この両辺を x で微分するとき $(x)' = 1$．右辺は合成関数の微分法を使うと
$$\frac{d}{dx}f(y) = \left(\frac{d}{dy}f(y)\right)\frac{dy}{dx} = f'(y)\left(f^{-1}(x)\right)'$$
したがって，(∗) と同じ次の式が得られる．
$$\left(f^{-1}(x)\right)' = \frac{1}{f'(y)} \qquad (y = f^{-1}(x))$$

問題

2.14 $y = f(x)$ のグラフと逆関数 $y = f^{-1}(x)$ のグラフは直線 $y = x$ に関して対称であることを示せ．

2.15 関数 $f(x) = x^2 + 1 \ (x \geqq 0)$ について，
(1) 逆関数 $f^{-1}(x)$ とその定義域を求めよ．
(2) 逆関数の微分 $\left(f^{-1}(x)\right)'$ を求めよ．

2.7 無理関数の微分法

自然数 m, n と数 $a > 0$ に対して，次が成り立つ（**指数法則**）：

> (1)　$a^{m+n} = a^m a^n$　　(2)　$(a^m)^n = a^{mn}$

ここで，$a^0 = 1, a^{-n} = 1/a^n$ と約束すれば，(1), (2) はすべての整数 m, n に対して成立する．

自然数 n に対して，関数 $f(x) = x^n$ のグラフは，図 2.12 のように，$x > 0$ で狭義単調増加である（直接，計算で示すこともできる！）．したがって，$q > 0$ ならば，

$$q = p^n$$

となる $p > 0$ がただ一つ存在する（定理 2.7（逆関数の存在定理））．この p を

$$p = \sqrt[n]{q} \quad \text{すなわち} \quad f^{-1}(q) = \sqrt[n]{q}$$

と表す．関数 $y = \sqrt[n]{x}$ のグラフは $y = x^n$ のグラフと直線 $y = x$ に関して対称である．

r が有理数 m/n（n は自然数で m は整数）のとき，

$$x^{\frac{m}{n}} = \sqrt[n]{x^m} = \left(\sqrt[n]{x}\right)^m$$

と定める．ここで，$y = x^r$ とおくと，$y^n = x^m$．

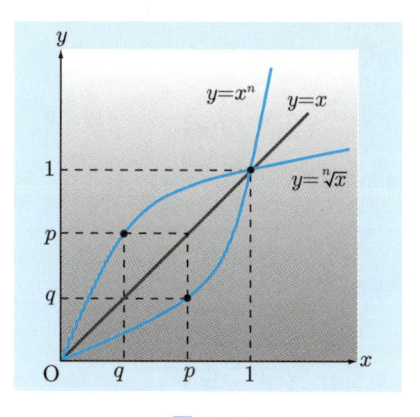

図 2.12

この両辺を x で微分するとき，左辺は合成関数の微分法を利用すると

$$\frac{d}{dx}y^n = \left(\frac{d}{dy}y^n\right)\frac{dy}{dx} = (ny^{n-1})\,y'$$

よって，$ny^{n-1}y' = mx^{m-1}$ が成り立つ．このとき，$y^{n-1} = \left(x^{\frac{m}{n}}\right)^{n-1}$ だから

$$y' = \frac{m}{n}\frac{x^{m-1}}{y^{n-1}} = \frac{m}{n}x^{m-1-m(n-1)/n} = \frac{m}{n}x^{(m/n)-1} = rx^{r-1}$$

すなわち，

$$\left(x^r\right)' = rx^{r-1}$$

例題 2.8 ─────────────────無理関数の微分─

次の関数を微分せよ．
(1) $\sqrt{x}$　　(2) $\dfrac{1}{\sqrt{2x+1}}$

解答　(1) $\sqrt{x} = x^{\frac{1}{2}}$ だから

$$(\sqrt{x})' = \left(x^{\frac{1}{2}}\right)' = \frac{1}{2}x^{\frac{1}{2}-1} = \frac{1}{2}x^{-\frac{1}{2}} = \frac{1}{2\sqrt{x}}$$

(2) $y = \dfrac{1}{\sqrt{2x+1}}$，$u = 2x+1$ とおくと $y = \dfrac{1}{\sqrt{u}} = u^{-\frac{1}{2}}$ である．この式を x で微分すると

$$y' = \frac{dy}{dx} = \frac{dy}{du}\frac{du}{dx} = -\frac{1}{2}u^{-\frac{1}{2}-1} \times 2 = -u^{-\frac{3}{2}} = -(2x+1)^{-\frac{3}{2}}$$

または，$2x+1 = 1/y^2 = y^{-2}$ だから

$$2 = \left(\frac{d}{dy}y^{-2}\right)\frac{dy}{dx} = (-2)y^{-3}y'$$

よって，$y' = -y^3 = -(2x+1)^{-\frac{3}{2}}$

問題

2.16 次の関数を微分せよ．
(1) $\dfrac{1}{\sqrt{x}}$　　(2) $\sqrt{2x+1}$
(3) $\sqrt[3]{x}$　　(4) $\sqrt{x^2-2x+2}$

2.8 指数関数と対数関数の微分法

指数関数 さて，$3^{\sqrt{2}}$ はどう理解したらよいだろうか．$\sqrt{2} = 1.4142135623\cdots$ に注意すると，

$$a_1 = 3^{1.4} < a_2 = 3^{1.41} < a_3 = 3^{1.414} < a_4 = 3^{1.4142} < \cdots$$
$$b_1 = 3^{1.5} > b_2 = 3^{1.42} > b_3 = 3^{1.415} > b_4 = 3^{1.4143} > \cdots$$

したがって，$\{a_n\}$ は単調増加，$\{b_n\}$ は単調減少，$b_n/a_n = 3^{10^{-n}} \to 1 (n \to \infty)$ であるから，これらはある値，すなわち，$3^{\sqrt{2}}$ に収束する．

このようにして，$x > 0$ と実数 a に対して，a の小数展開を利用して x^a が定義される．指数が有理数のときの指数法則と極限の定理から，次の性質が一般的に成り立つ：

---

(1) $x^0 = 1$
(2) $x^{a+b} = x^a x^b$ （指数法則）
(3) $(x^a)^b = x^{ab}$ （指数法則）

$y = a^x$ のグラフは次のようになる．

$a > 1$ のとき，$y = a^x$ のグラフは右上がり（単調増加）で，x とともに急激に増大することがわかる．一方，

$$\lim_{x \to -\infty} a^x = 0$$

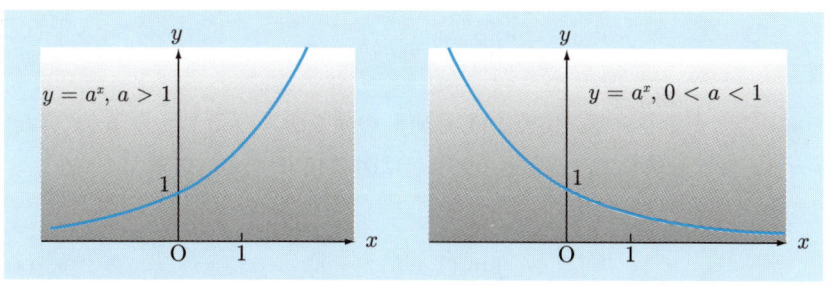

図 2.13

ネピアの数　　数列

$$\left(1+\frac{1}{1}\right)^1, \left(1+\frac{1}{2}\right)^2, \left(1+\frac{1}{3}\right)^3, \left(1+\frac{1}{4}\right)^4, ..., \left(1+\frac{1}{n}\right)^n, ...$$

を Excel で計算してみると次の表のようになる．

n	$(1+\frac{1}{n})^n$
1	2
10	2.59374246⋯
100	2.704813829⋯
1000	2.716923932⋯
10000	2.718145927⋯
100000	2.718268237⋯
1000000	2.718280469⋯
10000000	2.718281694⋯
⋮	⋮

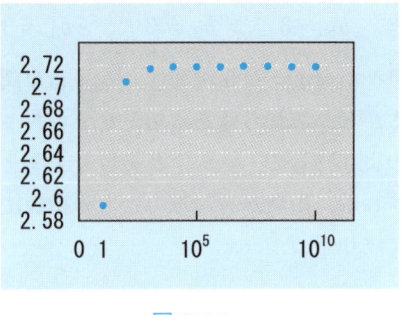

図 2.14

この表から

$$\lim_{n\to\infty}\left(1+\frac{1}{n}\right)^n = 2.71828\cdots = e \qquad (*)$$

となることがわかる (発展問題 2.6 を参照)．この値 e は無理数であることが示され，**ネピアの数**または**自然対数の底**と呼ばれる．

(∗) において，$h=\dfrac{1}{n}$ とおくと，

$$\lim_{h\to +0}(1+h)^{\frac{1}{h}} = e$$

であることが示される．実際，$(1+h)^{\frac{1}{h}}$ の値を $h=-0.1$ から 0.01 刻みで $h=0.1$ まで計算してみるとそのグラフは図 2.15 のようになる．

したがって，

$$\lim_{h\to 0}(1+h)^{\frac{1}{h}} = e \qquad (**)$$

であることが示される．

2.8 指数関数と対数関数の微分法

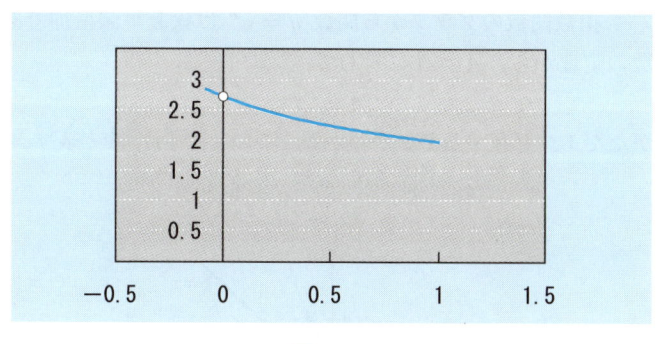

図 2.15

問題

2.17 $\lim_{n\to\infty}\left(1-\dfrac{y}{n}\right)^n$ を求めよ.

2.18 数列

$$1,\quad 1+\frac{1}{1!},\quad 1+\frac{1}{1!}+\frac{1}{2!},\quad 1+\frac{1}{1!}+\frac{1}{2!}+\frac{1}{3!},\quad \cdots$$

は次のようになる.

S_1	S_2	S_3	S_4	S_5	S_6
2	2	2.5	2.66666	2.70833	2.71666
S_7	S_8	S_9	S_{10}	$\cdots$	
2.71805	2.71825	2.71827	2.71828	$\cdots$	

この表から,級数

$$1+\frac{1}{1!}+\frac{1}{2!}+\cdots+\frac{1}{n!}+\cdots$$

の値を求めよ.

2.19 1年間の総利率は1とする.このとき,1単位のお金は1年後に $1+1$ に増える.この利率を半年に分割すると1単位のお金は1年後に複利計算で $(1+1/2)^2$ に増える.この利率を $1/3$ 年に分割すると1単位のお金は1年後に複利計算で $(1+1/3)^3$ に増える.この利率を $1/n$ 年に分割すると1単位のお金は1年後に複利計算で $(1+1/n)^n$ に増える.これを繰り返すと,最初の1単位のお金は何倍まで増えるか?

対数関数　指数関数のグラフから関数 $y = e^x$ は狭義単調増加である．よって，逆関数の定理から，$A > 0$ に対して，
$$A = e^a$$
となる a がただ 1 つ存在することがわかる．この a を $\log_e A$ と表す．すなわち，

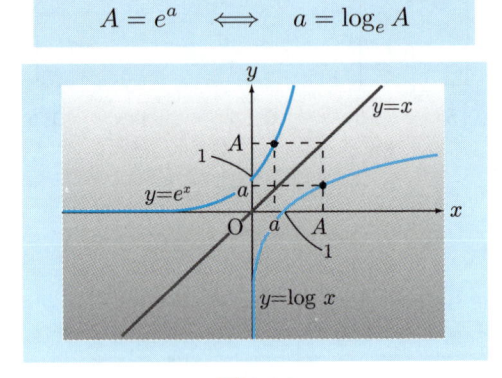

$$A = e^a \iff a = \log_e A$$

図 2.16

$\log_e x$ は e を底とする対数関数と呼ばれ，底 e は省略して $\log x$ と表すことが多い．$y = e^x$ のグラフと $y = \log x$ のグラフは直線 $y = x$ に関して対称である．よって，$y = \log x$ のグラフも右上がり（単調増加）であることがわかる．

a を底とする対数を

$$\log_a b = \frac{\log b}{\log a}$$

で定義する．このとき，$a > 0, a \neq 1, A > 0, B > 0$ に対して，次の基本的な性質が成り立つ：

(1) $\log_a 1 = 0, \quad \log_a a = 1$
(2) $\log_a AB = \log_a A + \log_a B$ 　　（対数法則）
(3) $\log_a A^B = B \log_a A$ 　　（対数法則）
(4) $a^{\log_a B} = B$ 　　（指数と対数の関係）

問題

2.20　次の値を求めよ．
(1) $\log(e^2)$ 　　(2) $e^{\log 2}$ 　　(3) $\log_{e^{-1}} e$
(4) $\log_8 16$ 　　(5) $2^{\log_2 3}$ 　　(6) $\log_2(\sqrt{2}+1) + \log_2(\sqrt{2}-1)$

2.8 指数関数と対数関数の微分法

指数関数と対数関数の微分　　対数関数 $f(x) = \log x$ に対して，対数法則を利用すると

$$f'(x) = \lim_{h \to 0} \frac{f(x+h) - f(x)}{h} = \lim_{h \to 0} \frac{\log \frac{x+h}{x}}{h} = \lim_{h \to 0} \frac{\log\left(1 + \frac{h}{x}\right)}{h}$$

ここで，$h/x = k$ とおくと，$h = kx$ だから，(**) (p.44) を利用すると

$$f'(x) = \lim_{k \to 0} \frac{\log(1+k)}{kx} = \lim_{k \to 0} \frac{1}{x} \log(1+k)^{\frac{1}{k}} = \frac{1}{x} \times \log e = \frac{1}{x}$$

したがって，

$$(\log x)' = \frac{1}{x}$$

指数関数 $f(x) = e^x$ に対して，

$$f'(x) = \lim_{h \to 0} \frac{f(x+h) - f(x)}{h} = \lim_{h \to 0} \frac{e^{x+h} - e^x}{h} = \lim_{h \to 0} e^x \frac{e^h - 1}{h}$$

ここで，$k = e^h - 1$ とおくと，$h = \log(1+k)$ だから

$$\lim_{h \to 0} \frac{e^h - 1}{h} = \lim_{k \to 0} \frac{k}{\log(1+k)} = \lim_{k \to 0} \frac{1}{\frac{\log(1+k)}{k}} = \frac{1}{1} = 1$$

したがって，$f'(x) = e^x$，つまり，

$$(e^x)' = e^x$$

問　題

2.21　次の関数を微分せよ．

(1) e^{2x}　　(2) $e^x + e^{-x}$　　(3) xe^x　　(4) $\dfrac{e^x - 1}{e^x + 1}$

2.22　次の関数を微分せよ．

(1) $\log(2x)$　　(2) $\log|x|$　　(3) $x \log x$　　(4) $\log \dfrac{x}{x+1}$

2.23　(1) $a > 0, a \neq 1$ に対して，$a^x = e^{x \log a}$ を示せ．

(2) (1) を利用して，$(a^x)' = a^x \log a$ を示せ．

2.24　次を示せ．

$$\left(\log|f(x)|\right)' = \frac{f'(x)}{f(x)} \quad (f(x) \neq 0)$$

例題 2.9　　　　　　　　　　　　　　　対数微分法

関数 $y = x^x$ を微分せよ.

解答　対数をとると
$$\log y = \log x^x = x \log x$$
ここで, 左辺に合成関数の微分法を適用すると,
$$\frac{d \log y}{dx} = \frac{d \log y}{dy} \frac{dy}{dx} = \frac{1}{y} \times y'$$
となるので,
$$\frac{y'}{y} = \log x + x \frac{1}{x} = \log x + 1$$
すなわち,
$$y' = \left(x^x\right)' = y(\log x + 1) = x^x (\log x + 1)$$

このように, 対数をとって微分する方法を**対数微分法**という.

問題

2.25 関数 $y = \dfrac{(x+1)(x+3)}{(x+2)^2}$ について

(1)
$$\log |y| = a \log |x+1| + b \log |x+2| + c \log |x+3|$$

となる定数 a, b, c を求めよ.

(2) (1) の両辺を x で微分せよ.

(3) y' を求めよ.

2.26 次の関数を微分せよ.

(1) 2^{-x}　　(2) $x^{\sqrt{x}}$　　(3) $\dfrac{x(x+1)^2}{(x+2)^3}$

2.27 連続な関数 $f(x)$ が, $f(1) = a > 0$ かつ

すべての x, y に対して, $f(x+y) = f(x)f(y)$

を満たすならば, $f(x) = a^x$ となることを示せ.

2.9 三角関数の微分法

弧度法 　座標平面内の単位円 $x^2+y^2=1$ の周の長さは 2π である．原点を O，x 軸上の点 $(1,0)$ を A とする．$0 \leqq \theta < 2\pi$ なる θ に対して，A から時計と反対まわり（正の向き）に測った弧の長さがちょうど θ となる円周上の点 P が定まる．このとき，$\angle \mathrm{AOP} = \theta$ と表す方法を**弧度法**という．また，$\angle \mathrm{AOP}$ は θ ラジアンであるという．すると，π ラジアンに対応する点は $(-1,0)$ であり，

$$180° = \pi \text{ ラジアン} \iff 1° = \frac{\pi}{180} \text{ ラジアン}$$

三角関数 　$\angle \mathrm{AOP}$ が θ ラジアンとし，単位円周上の点 P の座標を (x,y) と表すとき，

$$\cos\theta = x,$$
$$\sin\theta = y$$

とおく．例えば，

$$\cos 0 = 1,\ \sin 0 = 0\ ;$$
$$\cos\frac{\pi}{2} = 0,\ \sin\frac{\pi}{2} = 1$$

である．直角三角形に関するピタゴラスの定理から，

$$\cos^2\theta + \sin^2\theta = 1$$

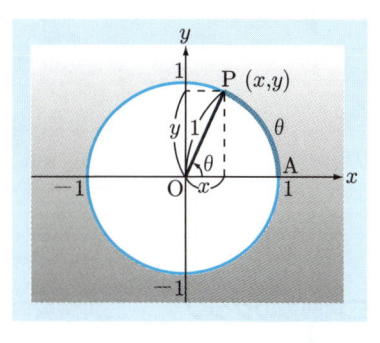

図 2.17

問題

2.28 次の表を完成せよ．

度		30°	60°		120°	210°		300°	
ラジアン	0		$\frac{\pi}{4}$	$\frac{\pi}{2}$		π	$\frac{3\pi}{2}$		2π
$\cos\theta$									
$\sin\theta$									

$\theta > 2\pi$ のときには，円周に沿って正の向きに θ の長さだけ動いて，円周上の点 $P(x, y)$ を定める．一方，$\theta < 0$ のときは，時計まわり（負の向き）に動いて，円周上の点 $P(x, y)$ を定める．このとき，$\cos\theta = x$, $\sin\theta = y$ と定義しよう．したがって，一般角 θ に対して，

$$\theta = \alpha + 2n\pi, \qquad 0 \leqq \alpha < 2\pi$$

となる α と整数 n が存在し，

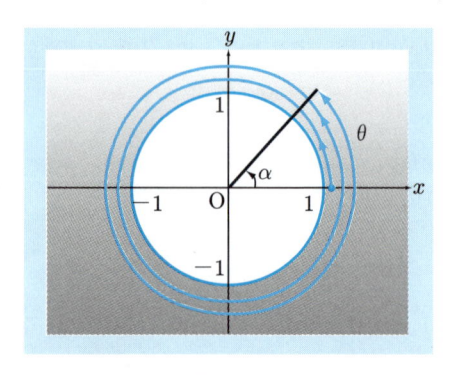

$$\cos\theta = \cos\alpha = x, \qquad \sin\theta = \sin\alpha = y$$

図 2.18

三角関数のグラフ　　三角関数のグラフは，次のような周期的なグラフである．

コサインのグラフ

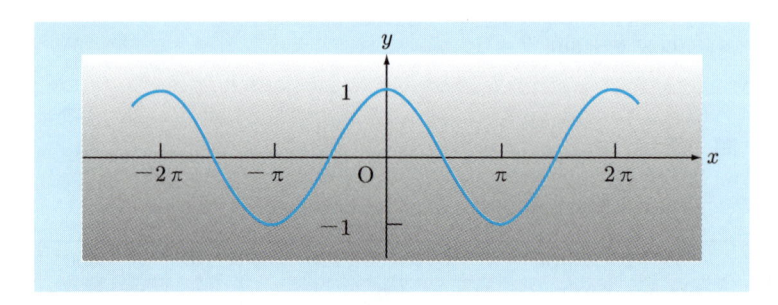

図 2.19

2.9 三角関数の微分法

サインのグラフ

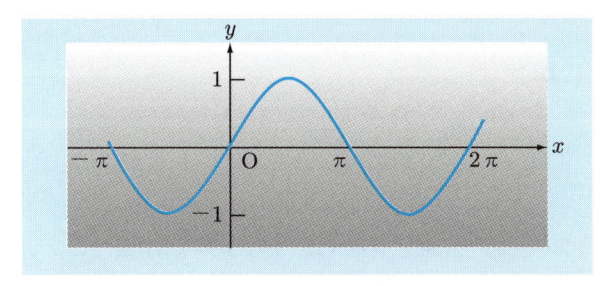

図 2.20

さらに，タンジェント，コタンジェントを

$$\tan x = \frac{\sin x}{\cos x}, \qquad \cot x = \frac{1}{\tan x} = \frac{\cos x}{\sin x}$$

と定める．

タンジェントのグラフ

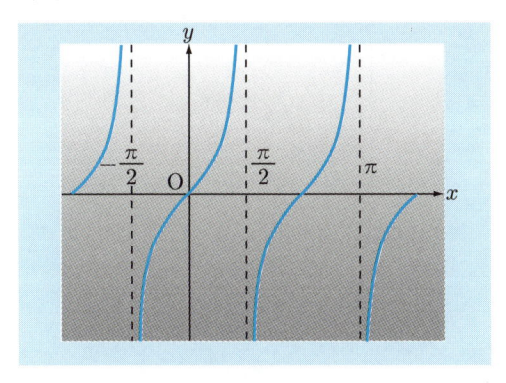

図 2.21

問 題

2.29 次の三角関数の値を求めよ．
(1) $\cos 780°$ (2) $\sin 780°$ (3) $\tan 780°$
(4) $\cos\left(-\dfrac{\pi}{4}\right)$ (5) $\sin\left(-\dfrac{\pi}{4}\right)$ (6) $\tan\left(-\dfrac{\pi}{4}\right)$

2.30 次の関数のグラフをかけ．
(1) $y = \sin x + 1$ (2) $y = 1 - \cos x$
(3) $y = \sin 2x$ (4) $y = \cos\dfrac{x}{2}$

加法定理　三角関数に対して，次の加法定理が成り立つ．

> **定理 2.8** (加法定理)
> $$\sin(\alpha+\beta) = \sin\alpha\cos\beta + \cos\alpha\sin\beta$$
> $$\cos(\alpha+\beta) = \cos\alpha\cos\beta - \sin\alpha\sin\beta$$

点 $P(a,b)$ に対して，x 軸と直線 OP がなす角を α とすると，
$$\cos\alpha = \frac{a}{\sqrt{a^2+b^2}}, \qquad \sin\alpha = \frac{b}{\sqrt{a^2+b^2}}$$
よって，三角関数の合成が次のように示される．

$$a\sin x + b\cos x = \sqrt{a^2+b^2}\sin(x+\alpha)$$

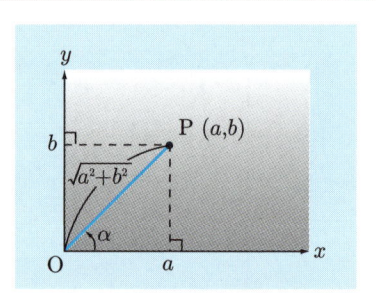

図 2.22

問題

2.31 次の等式を証明せよ．
(1) $\sin 2\theta = 2\sin\theta\cos\theta$
(2) $\cos 2\theta = \cos^2\theta - \sin^2\theta$
(3) $\sin 3\theta = 3\sin\theta - 4\sin^3\theta$
(4) $\cos 3\theta = 4\cos^3\theta - 3\cos\theta$

2.32 (1) $(\sin x + \cos x)^2 = 1 + \sin 2x$ を示せ．
(2) $\sin\dfrac{\pi}{12} + \cos\dfrac{\pi}{12}$ の値を求めよ．

2.9 三角関数の微分法

三角関数の微分　さて，円周上に点 $P(\cos\theta, \sin\theta)$, $0 < \theta < \dfrac{\pi}{2}$ となる点をとる．点 P から線分 OA に垂線 PH をおろす．さらに，A における円の接線と線分 OP の延長線との交点を T とする．このとき，面積について，

$$\triangle\text{OAP の面積} < \text{扇形 OAP の面積} < \triangle\text{OAT の面積}$$

であるので，

$$\frac{1}{2}\sin\theta < \pi \times \frac{\theta}{2\pi} < \frac{1}{2}\tan\theta$$

不等式を変形すると

$$\cos\theta < \frac{\sin\theta}{\theta} < 1$$

$\lim\limits_{\theta\to 0}\cos\theta = 1$ であるから，挟み撃ちの原理から

$$\lim_{\theta\to +0}\frac{\sin\theta}{\theta} = 1$$

$\theta < 0$ のときは，上式で θ を $-\alpha$ と置き換えて，

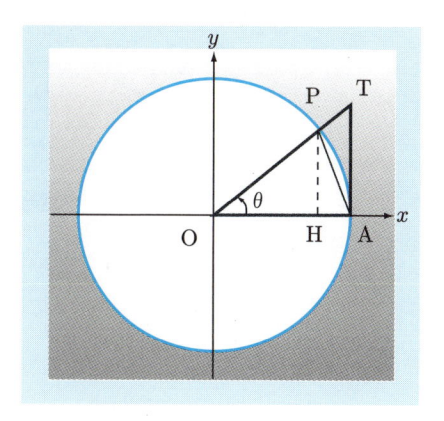

図 2.23

$$\lim_{\theta\to -0}\frac{\sin\theta}{\theta} = \lim_{\alpha\to +0}\frac{\sin(-\alpha)}{-\alpha}$$
$$= \lim_{\alpha\to +0}\frac{\sin\alpha}{\alpha}$$
$$= 1$$

以上のことより，次の基本公式を得る．

$$\lim_{\theta\to 0}\frac{\sin\theta}{\theta} = 1 \qquad (*)$$

$y = \dfrac{\sin x}{x}$ のグラフ

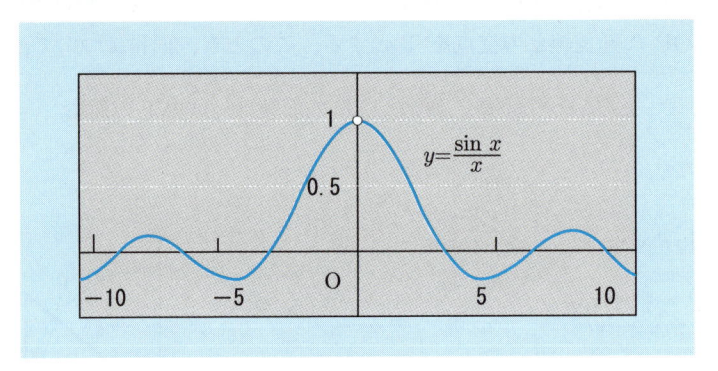

図 2.24

問題

2.33 次の極限を調べよ．

(1) $\displaystyle\lim_{x \to 0} \dfrac{\sin 2x}{x}$

(2) $\displaystyle\lim_{x \to 0} \dfrac{1 - \cos x}{x^2}$

(3) $\displaystyle\lim_{x \to 0} x \sin \dfrac{1}{x}$

(4) $\displaystyle\lim_{x \to \infty} x \sin \dfrac{1}{x}$

2.9 三角関数の微分法

三角関数の微分は次のようになる.

(1) $(\sin x)' = \cos x$

(2) $(\cos x)' = -\sin x$

(3) $(\tan x)' = \dfrac{1}{\cos^2 x}$

(1) を示すためには，加法定理により，

$$(\sin x)' = \lim_{h \to 0} \frac{\sin(x+h) - \sin x}{h}$$
$$= \lim_{h \to 0} \left\{ \sin x \frac{\cos h - 1}{h} + \cos x \frac{\sin h}{h} \right\}$$

ここで，(∗) を利用して

$$\frac{\cos h - 1}{h} = \frac{(\cos h - 1)(\cos h + 1)}{h(\cos h + 1)}$$
$$= -\frac{\sin h}{h} \frac{\sin h}{\cos h + 1} \to -1 \times \frac{0}{2} = 0$$

に注意すればよい.

(2) も同様に証明される.

(3) $\tan x$ の微分は，商の微分法を適用して，

$$(\tan x)' = \frac{\cos x \cos x - \sin x (-\sin x)}{\cos^2 x} = \frac{1}{\cos^2 x}$$

問題

2.34 次の関数を微分せよ.

(1) $\sin(2x)$ (2) $\cos^2 x$

(3) $\dfrac{\cos x}{\sin x}$ (4) $\dfrac{\sin x}{\cos x + \sin x}$

2.10 逆三角関数の微分法

アークサイン　関数 $y = \sin x$ は，区間 $(-\pi/2, \pi/2)$ で狭義単調増加である．また，

$$\lim_{x \to -\pi/2} \sin x = -1, \qquad \lim_{x \to \pi/2} \sin x = 1$$

であるので，逆関数の存在定理から，区間 $[-1, 1]$ 上逆関数が存在する．この逆関数を $y = \sin^{-1} x$ と表し，**アークサイン**という．このとき，

$$p = \sin^{-1} q \quad (-1 \leqq q \leqq 1) \iff q = \sin p \quad \left(-\frac{\pi}{2} \leqq p \leqq \frac{\pi}{2}\right)$$

$y = \sin^{-1} x$ のとき，$x = \sin y$ と変形して両辺を x で微分すると

$$1 = \left(\frac{d}{dy} \sin y\right) \frac{dy}{dx} = \cos y \times y'$$

よって，

$$\left(\sin^{-1} x\right)' = \frac{1}{\cos y}$$

$-\pi/2 < y < \pi/2$ のとき，$\cos y = \sqrt{1 - \sin^2 y} = \sqrt{1 - x^2}$ であるので，

$$\left(\sin^{-1} x\right)' = \frac{1}{\sqrt{1 - x^2}}$$

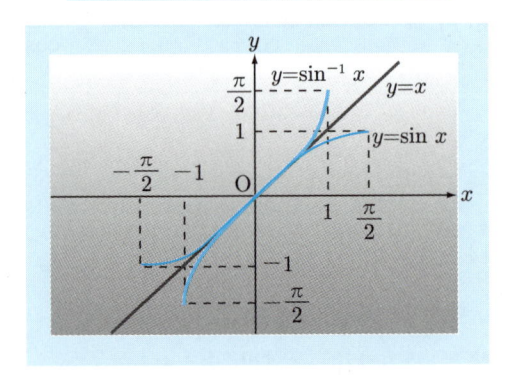

図 2.25

2.10 逆三角関数の微分法

アークコサイン　関数 $y = \cos x$ は，区間 $(0, \pi)$ で狭義単調減少である．また，

$$\lim_{x \to 0} \cos x = 1, \qquad \lim_{x \to \pi} \cos x = -1$$

であるので，逆関数の存在定理から，区間 $[-1, 1]$ 上逆関数が存在する．この逆関数を $y = \cos^{-1} x$ と表し，**アークコサイン**という．$y = \cos^{-1} x$ は，区間 $[-1, 1]$ 上減少関数であり，

$$y = \cos^{-1} x \quad (-1 \leqq x \leqq 1) \quad \Longleftrightarrow \quad x = \cos y \quad (0 \leqq y \leqq \pi)$$

また，

$$\left(\cos^{-1} x \right)' = -\frac{1}{\sqrt{1 - x^2}}$$

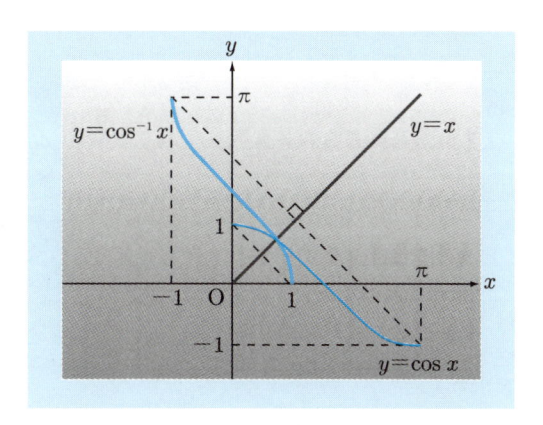

図 2.26

アークタンジェント　$y = \tan^{-1} x$ が，$\boldsymbol{R}$ 上の増加関数として定義され，

$$y = \tan^{-1} x \quad (-\infty < x < \infty) \quad \Longleftrightarrow \quad x = \tan y \quad \left(-\frac{\pi}{2} < y < \frac{\pi}{2} \right)$$

$$\left(\tan^{-1} x \right)' = \frac{1}{1 + x^2}$$

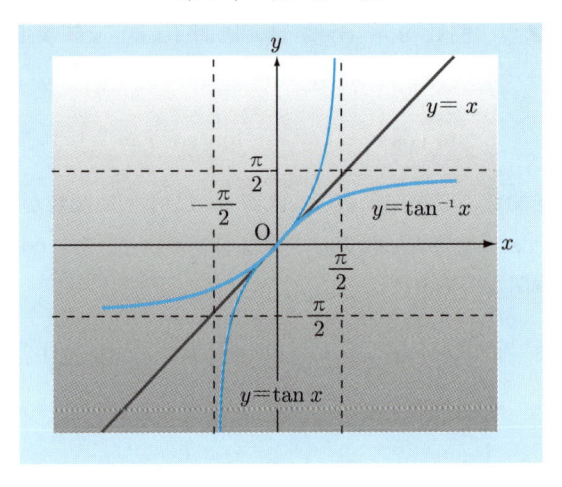

図 2.27

問題

2.35 $y = \sin x$ のグラフを直線 $y = x$ に関して対称移動して，$y = \sin^{-1} x$ のグラフをかけ．

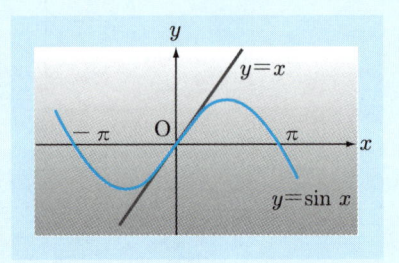

図 2.28

2.36 次の値を求めよ．

(1) $\cos^{-1} 0$　　(2) $\sin^{-1} \dfrac{1}{2}$　　(3) $\tan^{-1} 0$　　(4) $\tan^{-1} 1$

2.37 次の関数を微分せよ．

(1) $\cos^{-1}(2x)$　　(2) $\cos^{-1} x + \sin^{-1} x$

(3) $x \sin^{-1} x$　　(4) $x \tan^{-1} x - \log \sqrt{x^2 + 1}$

2.38 次の等式を証明せよ．

$$\cos^{-1} x + \sin^{-1} x = \frac{\pi}{2} \quad (-1 \leqq x \leqq 1)$$

発展問題 2

1 次の極限値を $f(x), f'(x), f''(x)$ で表せ.

(1) $\displaystyle\lim_{h \to 0} \frac{f(x+2h) - f(x)}{h}$

(2) $\displaystyle\lim_{h \to 0} \frac{f(x+h^2) - f(x)}{h}$

(3) $\displaystyle\lim_{h \to 0} \frac{f(x+h) - f(x-h)}{h}$

(4) $\displaystyle\lim_{h \to 0} \frac{f(x+h) - 2f(x) + f(x-h)}{h^2}$

2 関数
$$f(x) = \lim_{n \to \infty} \left\{ x^2 + \frac{x^2}{1+x^2} + \frac{x^2}{(1+x^2)^2} + \cdots + \frac{x^2}{(1+x^2)^{n-1}} \right\}$$
のグラフをかいて連続性を調べよ.

3 関数 $f(x)$ は区間 $I = [0, 1]$ 上連続かつ $0 \leqq f(x) \leqq 1$ ならば, $f(x) = x$ となる x が I に存在することを示せ.

4 平面内に凸多角形 D と定点 P がある. 点 P を中心として, 半径 r の円の内部にある D の部分の面積を $S(r)$ とする.

(1) $|S(r+h) - S(r)| \leqq \pi|(r+h)^2 - r^2|$ を示せ.

(2) $S(r)$ は r の連続関数であることを示せ.

(3) $S(r)$ が D の面積のちょうど半分となるような r が存在することを示せ.

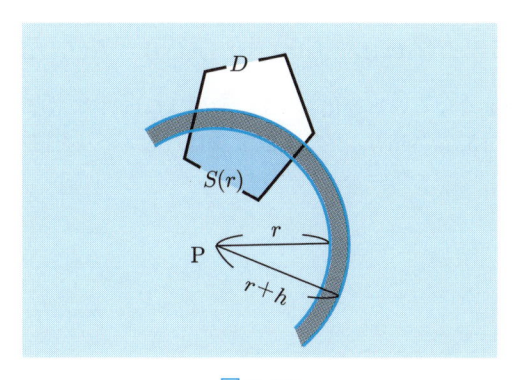

図 2.29

5 $\cosh x = \dfrac{e^x + e^{-x}}{2}$, $\sinh x = \dfrac{e^x - e^{-x}}{2}$, $\tanh x = \dfrac{\sinh x}{\cosh x}$ と定める.

(1) $\cosh^2 x - \sinh^2 x = 1$ を示せ.

(2) $\bigl(\cosh x\bigr)' = \sinh x$, $\bigl(\sinh x\bigr)' = \cosh x$, $\bigl(\tanh x\bigr)' = \dfrac{1}{\cosh^2 x}$ を示せ.

6 $a_n = \left(1 + \dfrac{1}{n}\right)^n, b_n = \left(1 + \dfrac{1}{n}\right)^{n+1}$ を考える.

(1) $0 < a < 1$, n が自然数のとき, 不等式
$$1 - na \leqq (1-a)^n < \dfrac{1}{1+na}$$
が成立することを示せ.

(2) (1) で $a = \dfrac{1}{n^2}$ とおいて, 数列 $\{a_n\}$ が単調増加であることを示せ.

(3) (1) で $a = \dfrac{1}{n^2}$ とおいて, 数列 $\{b_n\}$ が単調減少であることを示せ.

(4) $a_n < b_n < a_n + \dfrac{4}{n}$ を示せ.

(5) $a_n < e < b_n$ を示せ.

(6) $\lim\limits_{n \to \infty} a_n = \lim\limits_{n \to \infty} b_n = e$

7 $x > 0$ のとき,
$$f_1(x) = \dfrac{1}{1+x}$$
とおく. 関数 $f_1(x)$ を次々と合成させて,
$$f_2(x) = f_1(f_1(x)), \quad f_3(x) = f_1(f_2(x)) = f_1(f_1(f_1(x))), \quad ...$$
と定義する. x をいろいろ変化させて, 数列 $\{f_n(x)\}$ の散布図を描いてみよう.

8 $\sin 1, \sin 2, \sin 3, ..., \sin n, ...$ の値を x 軸は対数メモリを使って表してみよう.

第3章

微分法の応用

3.1 接線の方程式

関数 $y = f(x)$ が表す曲線において，点 $(a, f(a))$ と点 $(x, f(x))$ を結ぶ直線の傾きは

$$\frac{f(x) - f(a)}{x - a}$$

であるので，$x \to a$ のときの極限値 $f'(a)$ は点 $(a, f(a))$ における**接線の傾き**を与える．したがって，点 $(a, f(a))$ における**接線の方程式**は

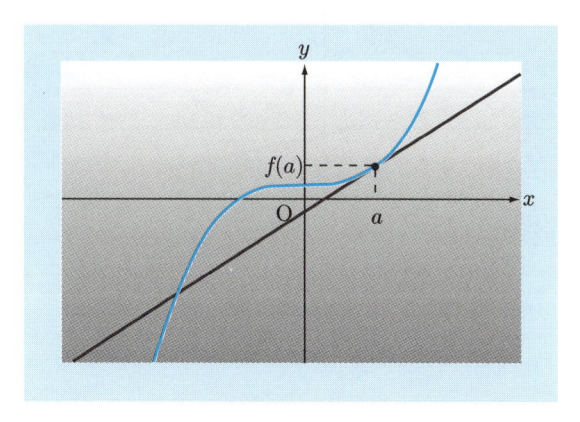

$$y = f'(a)(x - a) + f(a) \qquad (接線の方程式)$$

図 3.1

例題 3.1 ― 接線の方程式

(1) 曲線 $y = f(x) = x^2$ の $x = 1$ における接線の方程式を求めよ.
(2) 曲線 $y = x^2$ の接線で点 $(1, -3)$ を通るものを求めよ.

解答 (1) $f'(x) = 2x$ だから, $x = 1$ における接線の傾きは $f'(1) = 2$ である. したがって, 接線の方程式は

$$y = f'(1)(x-1) + f(1) = 2(x-1) + 1 = 2x - 1$$

(2) $x = a$ における接線の方程式は

$$y = f'(a)(x-a) + f(a) = 2a(x-a) + a^2 = 2ax - a^2$$

これが点 $(1, -3)$ を通るから

$$-3 = 2a - a^2$$

これを解くと $a = -1, 3$. 求める接線の方程式は

$a = -1$ のとき, $y = -2x - 1$ $a = 3$ のとき, $y = 6x - 9$

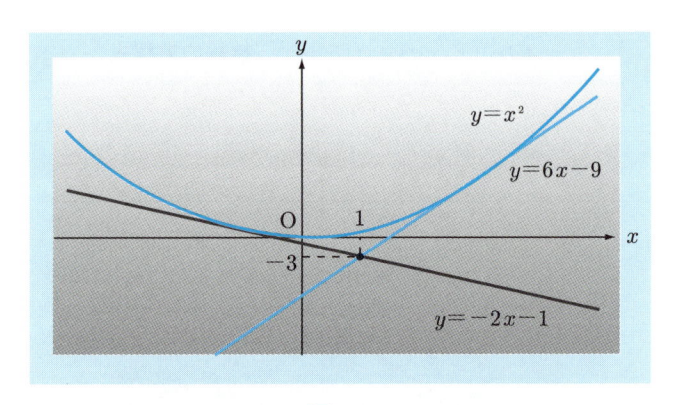

図 3.2

問題

3.1 曲線 $y = x^2 - 3x$ について,
(1) 点 $(1, -2)$ における接線の方程式を求めよ.
(2) 点 $(1, -11)$ を通る接線の方程式を求めよ.

3.2 平均値の定理

曲線 $y = f(x)$ において，曲線上の点 $A(a, f(a))$ と $B(b, f(b))$ を結ぶ直線の傾きは

$$\frac{f(b) - f(a)}{b - a}$$

である．図 3.3 において，この直線に平行な接線が存在することがわかる．この性質は，**平均値の定理**と呼ばれ，次のように述べることができる．

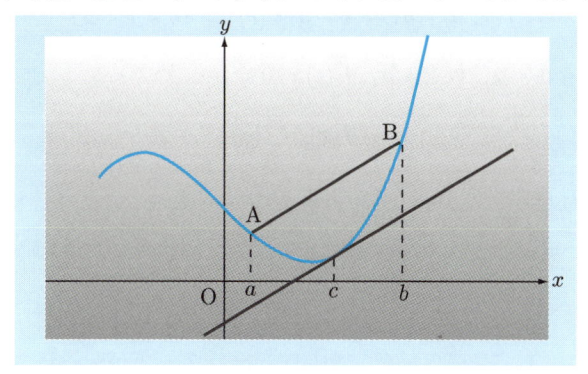

図 3.3

定理 3.1（**平均値の定理**） 関数 $y = f(x)$ は区間 $[a, b]$ 上のすべての x で微分可能とする．このとき，

$$f'(c) = \frac{f(b) - f(a)}{b - a} \qquad (a < c < b) \qquad (*)$$

となる c が存在する．

この定理において，$\theta = \dfrac{c - a}{b - a}$, $h = b - a$ とおくと，$0 < \theta < 1$ かつ

$$c = a + \theta(b - a) = a + \theta h$$

である．すると，$(*)$ は次のように表すこともできる：

$$f(a + h) = f(a) + h f'(a + \theta h) \quad (0 < \theta < 1)$$

> **例題 3.2** ──────────── $f'(x) \equiv 0$ となる関数 ─
>
> $a \leqq x \leqq b$ を満たすすべての x に対して
>
> $$f'(x) = 0$$
>
> であるならば, $f(x)$ は定数（関数）であることを示せ.

解答 $a < x < b$ とする. 平均値の定理を区間 $[a, x]$ において適用すると,

$$f(x) = f(a) + (x-a)f'(c) \qquad (a < c < x)$$

となる数 c が存在する. 仮定より, $f'(c) = 0$ だから

$$f(x) = f(a)$$

したがって, $f(x)$ は区間 $[a, b]$ で一定値 $f(a)$ をとる.

問 題

3.2 関数 $y = f(x)$ は $a \leqq x \leqq b$ となるすべての x で微分可能とする. $f(a) = f(b)$ であれば,

$$f'(c) = 0 \qquad (a < c < b)$$

となる c が存在することを示せ（**ロルの定理**）.

3.3 $f'(x) = g'(x)$ のとき,

$$f(x) = g(x) + C$$

となる定数 C が存在することを示せ.

3.3 ロピタルの定理

極限値の計算をするときには，これから示すロピタルの定理が有効である．そのために，次の平均値定理が必要である．

> **定理 3.2**（コーシーの平均値の定理）　関数 $f(x)$, $g(x)$ は区間 $[a,b]$ のすべての x で微分可能で，$g'(x) \neq 0$ であるならば
> $$\frac{f'(c)}{g'(c)} = \frac{f(b)-f(a)}{g(b)-g(a)} \quad (a<c<b)$$
> となる c が存在する．

証明　$g'(x) \neq 0$ だから，平均値の定理から $g(b) \neq g(a)$ である．そこで，

$$K = \frac{f(b)-f(a)}{g(b)-g(a)}$$

とおくと，

$$f(b)-f(a)-K\{g(b)-g(a)\} = 0 \qquad (*)$$

さて，関数 $F(x) = f(b)-f(x)-K\{g(b)-g(x)\}$ を考えよう．最初に

$$F(b) = f(b)-f(b)-K\{g(b)-g(b)\} = 0$$

に注意しよう．また，$(*)$ から

$$F(a) = 0$$

よって，ロルの定理より，$F'(c) = 0$ となる c が開区間 (a,b) に存在する．このとき，

$$F'(c) = -f'(c)+Kg'(c) = 0$$

仮定より，$g'(c) \neq 0$ であるので，$K = f'(c)/g'(c)$．したがって，

$$\frac{f'(c)}{g'(c)} = K = \frac{f(b)-f(a)}{g(b)-g(a)}$$

コーシーの平均値定理で，$b \to a$ とすると $c \to a$ となることに注意して，

$$\lim_{x \to a} \frac{f(x) - f(a)}{g(x) - g(a)} = \lim_{x \to a} \frac{f'(x)}{g'(x)}$$

となることが示される．これは，**ロピタルの定理**と呼ばれる性質である．

例題 3.3 ────────────────── ロピタルの定理 ─

ロピタルの定理を利用して次の極限値を求めよ．

(1) $\displaystyle \lim_{x \to 1} \frac{x^2 - 1}{x^3 - 1}$ (2) $\displaystyle \lim_{x \to 0} \frac{\sin 2x}{x}$

解答 (1) $f(x) = x^2$, $g(x) = x^3$ に対して，$f(1) = 1, g(1) = 1$ だから，ロピタルの定理を適用すると

$$\lim_{x \to 1} \frac{x^2 - 1}{x^3 - 1} = \lim_{x \to 1} \frac{(x^2)'}{(x^3)'} = \lim_{x \to 1} \frac{2x}{3x^2} = \frac{2}{3}$$

(2) $f(x) = \sin 2x$ とおくと，$f(0) = 0$ だから，ロピタルの定理より，

$$\lim_{x \to 0} \frac{\sin 2x}{x} = \lim_{x \to 0} \frac{(\sin 2x)'}{(x)'} = \lim_{x \to 0} \frac{2 \cos 2x}{1} = 2$$

問題

3.4 ロピタルの定理を利用して，次の極限値を求めよ．

(1) $\displaystyle \lim_{x \to 2} \frac{x - 2}{x^2 - 4}$ (2) $\displaystyle \lim_{x \to 0} \frac{1 - \cos x}{x^2}$

(3) $\displaystyle \lim_{x \to 1} \frac{\log x}{x - 1}$ (4) $\displaystyle \lim_{x \to 0} \frac{e^x + e^{-x} - 2}{x^2}$

3.5 Excel でグラフをかいて，次の極限値を求めよ．

(1) $\displaystyle \lim_{x \to 0} x \sin \frac{1}{x}$ (2) $\displaystyle \lim_{x \to +0} x^x$

(3) $\displaystyle \lim_{x \to \infty} x \sin \frac{1}{x}$ (4) $\displaystyle \lim_{x \to \infty} \frac{\log x}{x}$

3.4 関数の増減

$a < x < b$ を満たす x に対して，$f'(x) > 0$ とする．$a < x_1 < x_2 < b$ のとき，平均値の定理から
$$f(x_2) - f(x_1) = (x_2 - x_1)f'(c) \qquad (x_1 < c < x_2)$$
となる c が存在する．このとき仮定から，$x_2 - x_1 > 0$ かつ $f'(c) > 0$ だから，
$$f(x_2) - f(x_1) > 0 \quad \text{すなわち} \quad f(x_2) > f(x_1)$$
よって，$f(x)$ は区間 (a, b) において狭義単調増加である．このことから，次が示される．

> (1)　$a < x < b$ のとき $f'(x) > 0$ であれば，$f(x)$ は区間 (a, b) において狭義単調増加である．
>
> (2)　$a < x < b$ のとき $f'(x) < 0$ であれば，$f(x)$ は区間 (a, b) において狭義単調減少である．

連続関数 $f(x)$ が ξ を含むある区間 (a, b) において，
　(i)　$f(x)$ は区間 (a, ξ) において狭義単調増加
　(ii)　$f(x)$ は区間 (ξ, b) において狭義単調減少
ならば，ξ で**極大値** $f(\xi)$ をとるという．また，
　(iii)　$f(x)$ は区間 (a, ξ) において狭義単調減少
　(iv)　$f(x)$ は区間 (ξ, b) において狭義単調増加
ならば，ξ で**極小値** $f(\xi)$ をとるという．
　$f(x)$ が ξ で極大値または極小値をとるとき，$f(x)$ は ξ で**極値**をとるという．

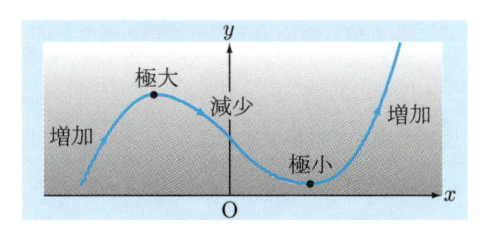

図 3.4

定理 3.3 関数 $f(x)$ は ξ を含むある区間 (a,b) で微分可能とする.
(1) $f(x)$ が ξ で極値をとるならば, $f'(\xi)=0$ である.
(2) 区間 (a,ξ) で $f'(x)>0$ かつ区間 (ξ,b) で $f'(x)<0$ であれば, $f(\xi)$ は極大値である.
(3) 区間 (a,ξ) で $f'(x)<0$ かつ区間 (ξ,b) で $f'(x)>0$ であれば, $f(\xi)$ は極小値である.

例題 3.4 ──極大・極小──

関数 $f(x) = x^3 - 3x + 1$ の極値を求めよ.

解答 $f'(x) = 3x^2 - 3 = 3(x-1)(x+1)$ であるから,
$x < -1$ のとき, $f'(x) > 0$
$-1 < x < 1$ のとき, $f'(x) < 0$
$x > 1$ のとき, $f'(x) > 0$
よって, **増減表**は次のようになる.

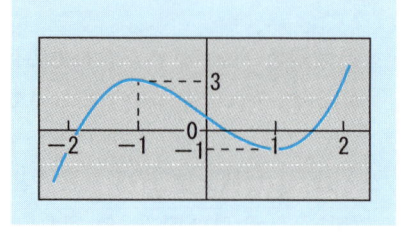

x	$\cdots$	-1	$\cdots$	1	$\cdots$
$f'(x)$	$+$	0	$-$	0	$+$
$f(x)$	↗	* 極大値	↘	* 極小値	↗

図 3.5

したがって, 極大値は $f(-1) = -1+3+1 = 3$ で, 極小値は $f(1) = 1-3+1 = -1$ である.
増減表の $*$ のところに極大値, 極小値を書くのが普通である.

問題

3.6 次の関数の増減を調べて極値を求めよ.
(1) $f(x) = x(2-x)$ 　(2) $f(x) = |x(2-x)|$
(3) $f(x) = 2x^2 - x^4$ 　(4) $f(x) = xe^{-x}$

3.4 関数の増減

例題 3.5 ─────────────── 最大・最小 ─

関数 $f(x) = \dfrac{x}{x^2+1}$ の最大値と最小値を求めよ．

解答 $f'(x)$ を求めると，

$$f'(x) = \frac{(x)'(x^2+1) - x(x^2+1)'}{(x^2+1)^2} = \frac{(x^2+1) - x(2x)}{(x^2+1)^2}$$

$$= \frac{-(x-1)(x+1)}{(x^2+1)^2}$$

よって，増減表を作ると

x	$\cdots$	-1	$\cdots$	1	$\cdots$
$f'(x)$	$-$	0	$+$	0	$-$
$f(x)$	↘	$-\frac{1}{2}$ 極小値	↗	$\frac{1}{2}$ 極大値	↘

ここで，$\displaystyle\lim_{x \to \infty} f(x) = 0$，$\displaystyle\lim_{x \to -\infty} f(x) = 0$ に注意すると，

最大値は $f(1) = \dfrac{1}{2}$ で，最小値は $f(-1) = -\dfrac{1}{2}$ である．

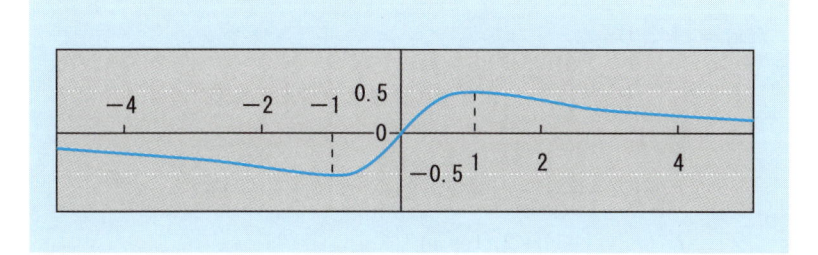

図 3.6

問題

3.7 次の関数の最大値と最小値を求めよ．

(1) $f(x) = 4x - x^4 \quad (0 \leqq x \leqq 2)$

(2) $f(x) = \dfrac{x+1}{x^2+3}$

(3) $f(x) = x^2 \log x \quad (0 < x \leqq e)$

(4) $f(x) = 3\sin x + \sin 3x \quad \left(0 \leqq x \leqq \dfrac{\pi}{2}\right)$

3.5 高階導関数と近似式

高階導関数 関数 $y=f(x)$ が開区間 (a,b) で微分可能であるとき，微分係数 $f'(x)$ を x の関数とみたとき，$f(x)$ の（1階または1次）**導関数**という．さらに，$f'(x)$ が微分可能であれば，$f'(x)$ の導関数，つまり，$f(x)$ の2階導関数 $f''(x)$ が定義される．これを繰り返して，$f(x)$ が n 回微分可能であれば，**n 階導関数**（または **n 次導関数**）が定義され，次のように表される：

$$f^{(n)}(x) \quad \text{または} \quad \frac{d^n y}{dx^n}$$

例題 3.6 ─────────────────────────── 高階導関数 ─

次の関数について 3 階までの導関数を求めよ．
(1) x^4 (2) e^x (3) $\log(x+1)$ (4) $\sin x$

解答 (1) $f(x)=x^4$ とおくと，
$$f'(x)=4x^3, \quad f''(x)=4(3x^2), \quad f'''(x)=4\cdot 3\cdot 2x=4!\,x$$

(2) $f(x)=e^x$ とおくと，
$$f'(x)=e^x, \quad f''(x)=e^x, \quad f'''(x)=e^x$$

(3) $f(x)=\log(1+x)$ とおくと，
$$f'(x)=\frac{1}{1+x}=(1+x)^{-1}, \quad f''(x)=(-1)(1+x)^{-2},$$
$$f'''(x)=(-1)(-2)(1+x)^{-3}$$

(4) $f(x)=\sin x$ とおくと，
$$f'(x)=\cos x, \quad f''(x)=-\sin x, \quad f'''(x)=-\cos x$$

問題

3.8 次の関数について 3 階までの導関数を求めよ．
(1) x^n (2) e^{-x} (3) $\sqrt{x+1}$ (4) $\cos x$

3.5 高階導関数と近似式

近似式 関数 $y = f(x)$ は $x = a$ を含む区間で微分可能かつ導関数 $f'(x)$ が連続とする．平均値の定理から，h が十分小さいとき，

$$f(a+h) = f(a) + hf'(a+\theta h)$$

となる θ $(0 < \theta < 1)$ が存在する．このとき，$f'(a+\theta h)$ は $f'(a)$ とほぼ等しいから **1 次近似式**

$$f(a+h) \fallingdotseq f(a) + hf'(a) \quad (\textbf{1 次近似式})$$

が成り立つ．

さらに，2 回微分可能で $f''(x)$ が連続であれば，次の **2 次近似式**が示される：

$$f(a+h) \fallingdotseq f(a) + hf'(a) + \frac{h^2}{2!}f''(a) \quad (\textbf{2 次近似式})$$

実際，ロピタルの定理から

$$\lim_{h \to 0} \frac{f(a+h) - \{f(a) + hf'(a)\}}{\frac{h^2}{2}}$$
$$= \lim_{h \to 0} \frac{f'(a+h) - \{f'(a)\}}{h}$$
$$= f''(a)$$

であるから，

$$f(a+h) - \{f(a) + hf'(a)\} \fallingdotseq \frac{h^2}{2}f''(a)$$

となり，上記の 2 次近似式が示される．

例題 3.7 — 近似式

1次近似式, 2次近似式を用いて, $\cos 1°$ の近似値を求めよ.

解答 1次近似式において, $a = 0, 1° = \dfrac{\pi}{180} = h$ のとき,
$$(\cos x)' = -\sin x$$
だから
$$\cos 1° = \cos h \fallingdotseq \cos 0 + h(-\sin 0) = 1$$

次に, 2次近似式を求めよう.
$$(\cos x)' = -\sin x, \qquad (\cos x)'' = -\cos x$$
だから
$$\cos h \fallingdotseq \cos 0 + h(-\sin 0) + \frac{h^2}{2}(-\cos 0) = 1 - \frac{h^2}{2}$$
よって,
$$\cos 1° = \cos \frac{\pi}{180} \fallingdotseq 1 - \frac{\pi^2}{2 \cdot 180^2}$$
$\pi = 3.14$ とすると, $\cos 1° \fallingdotseq 0.9998$.

問題

3.9 1次近似式, 2次近似式から, 次の近似値を求めよ.
  (1) $\sin 1°$
  (2) $\log 1.01$

3.10 次の n 次近似式を示せ.
$$f(a+h) \fallingdotseq f(a) + hf'(a) + \frac{h^2}{2!}f''(a) + \cdots + \frac{h^n}{n!}f^{(n)}(a)$$

3.5 高階導関数と近似式

テイラーの定理　　平均値の定理を一般化した次の定理が成り立つ．

> **定理 3.4**（テイラーの定理）　関数 $f(x)$ は n 回微分可能とし，
> $$f(a+h) = f(a) + hf'(a) + \frac{h^2}{2!}f''(a)$$
> $$+ \cdots + \frac{h^{n-1}}{(n-1)!}f^{(n-1)}(a) + R_n$$
> によって R_n を定めると，
> $$R_n = \frac{h^n}{n!}f^{(n)}(a+\theta h) \qquad (0 < \theta < 1)$$
> となる θ が存在する．ここに，R_n は**テイラーの n 次剰余項**と呼ばれる．

さて，$\lim_{n \to \infty} R_n = 0$ であれば，$f(x)$ の級数展開

$$f(a+h) = f(a) + hf'(a) + \frac{h^2}{2!}f''(a) + \cdots + \frac{h^n}{n!}f^{(n)}(a) + \cdots$$

が成り立つ．$x = a + h$ と置き換えた式

> $$f(x) = f(a) \quad + \quad f'(a)(x-a) + \frac{f''(a)}{2!}(x-a)^2$$
> $$+ \cdots + \frac{f^{(n)}(a)}{n!}(x-a)^n + \cdots$$

は a のまわりの**テイラー展開**と呼ばれる．

テイラー展開を求めるためには，n 階導関数を計算する必要がある．

例題 3.8 — n 階導関数

$y = \sin x$ について

(1) $(\sin x)' = \sin\left(x + \dfrac{\pi}{2}\right)$ を示せ．

(2) $(\sin x)^{(n)} = \sin\left(x + n\dfrac{\pi}{2}\right)$ を示せ．

解答 (1) $(\sin x)' = \cos x = \sin\left(x + \dfrac{\pi}{2}\right)$

(2) 数学的帰納法を用いて示そう．まず，$n = 1$ のときは (1) より成立する．そこで，$n = k$ のとき，成立すると仮定すると

$$(\sin x)^{(k)} = \sin\left(x + k\dfrac{\pi}{2}\right)$$

この両辺を x で微分すると

$$\begin{aligned}(\sin x)^{(k+1)} &= \cos\left(x + k\dfrac{\pi}{2}\right) \\ &= \sin\left(\left(x + k\dfrac{\pi}{2}\right) + \dfrac{\pi}{2}\right) \\ &= \sin\left(x + (k+1)\dfrac{\pi}{2}\right)\end{aligned}$$

よって，$n = k + 1$ のときにも成立する．

問題

3.11 $y = \cos x$ について

(1) $(\cos x)' = \cos\left(x + \dfrac{\pi}{2}\right)$ を示せ．

(2) $(\cos x)^{(n)} = \cos\left(x + n\dfrac{\pi}{2}\right)$ を示せ．

3.5 高階導関数と近似式

例1 $f(x)$ が n 次多項式であれば，$f^{(n+1)}(x) = 0$ だから $R_{n+1} = 0$ となるので

$$f(x) = f(a) + f'(a)(x-a) + \frac{f''(a)}{2!}(x-a)^2 + \cdots + \frac{f^{(n)}(a)}{n!}(x-a)^n$$

例2 $f(x) = \sin x$ のとき，$f^{(n)}(x) = \sin\left(x + n\frac{\pi}{2}\right)$ だから，

$$\sin x = x - \frac{x^3}{3!} + \frac{x^5}{5!} - \cdots + (-1)^{n-1}\frac{x^{2n-1}}{(2n-1)!} + \cdots$$

例3 $f(x) = \cos x$ のとき，$f^{(n)}(x) = \cos\left(x + n\frac{\pi}{2}\right)$ だから，

$$\cos x = 1 - \frac{x^2}{2!} + \frac{x^4}{4!} - \cdots + (-1)^n\frac{x^{2n}}{(2n)!} + \cdots$$

例4 $f(x) = e^x$ のとき，$f^{(n)}(x) = e^x$ だから，

$$e^x = 1 + x + \frac{x^2}{2!} + \frac{x^3}{3!} + \cdots + \frac{x^n}{n!} + \cdots$$

この式において，x を $i\theta$ ($i = \sqrt{-1}$) と置き換えると，

$$e^{i\theta} = 1 + i\theta + \frac{(i\theta)^2}{2!} + \frac{(i\theta)^3}{3!} + \cdots$$
$$= \left(1 - \frac{\theta^2}{2!} + \cdots\right) + i\left(\theta - \frac{\theta^3}{3!} + \cdots\right)$$

実数部は $\cos\theta$，虚数部は $\sin\theta$ のテイラー展開に一致するので

$$e^{i\theta} = \cos\theta + i\sin\theta$$

が成り立つ．これは**オイラーの公式**と呼ばれる．

これらのテイラー展開を証明するとき，$c > 0$ に対して

$$\lim_{n \to \infty} \frac{c^n}{n!} = 0$$

であることを利用する．

例5　$f(x) = \log(1+x)$ のとき，$f^{(n)}(x) = (-1)^{n-1}(n-1)!(1+x)^{-n}$ だから，

$$\log(1+x) = x - \frac{x^2}{2} + \frac{x^3}{3} - \cdots + (-1)^{n-1}\frac{x^n}{n} + \cdots$$
$$(-1 < x \leqq 1)$$

ここで，$-1 < x < 1$ のとき，$R_n \to 0$ が示される．
$x = 1$ においても等式が成立する（例題 5.1, 5.3 節を参照）．

問題

3.12　$f(x) = \sqrt{1+x}$ のとき，

$$\sqrt{1+x} = a_0 + a_1 x + a_2 x^2 + a_3 x^3 + \cdots$$

となる定数 a_0, a_1, a_2, a_3 を求めよ．この展開において x^n の係数は通常 $\begin{pmatrix} \frac{1}{2} \\ n \end{pmatrix}$ と表される．

3.13　$f(x) = x\sin x$ のとき，$\sin x$ のテイラー展開を利用して，

$$x\sin x = a_0 + a_1 x + a_2 x^2 + a_3 x^3 + \cdots$$

となる定数 a_0, a_1, a_2, a_3 を求めよ．

3.14
$$f_1(x) = 1 + x$$
$$f_2(x) = 1 + x + \frac{x^2}{2!}$$
$$f_3(x) = 1 + x + \frac{x^2}{2!} + \frac{x^3}{3!}$$
$$f_4(x) = 1 + x + \frac{x^2}{2!} + \frac{x^3}{3!} + \frac{x^4}{4!}$$
$$\vdots$$

のグラフをかいて，$x > 0$ のとき，

$$f_1(x) < f_2(x) < f_3(x) < f_4(x) < \cdots < e^x$$

で，$y = f_n(x)$ のグラフは $y = f(x) = e^x$ のグラフに近づくことを確かめよう．

発展問題 3

1 (1) $\displaystyle\lim_{x \to 0} \frac{e^x - (a + bx + cx^2)}{x^3} = d$ となる定数 a, b, c, d を求めよ.

(2) $\displaystyle\lim_{x \to 0} \frac{\cos x - (a + bx)}{x^2} = c$ となる定数 a, b, c を求めよ.

2 (1) $\displaystyle\lim_{x \to \infty} f(x) = \infty$, $\displaystyle\lim_{x \to \infty} g(x) = \infty$ とする. $\displaystyle\lim_{x \to \infty} \frac{f(x)}{g(x)}$ において, $x = \dfrac{1}{y}$ と変換して次式を示せ.
$$\lim_{x \to \infty} \frac{f(x)}{g(x)} = \lim_{x \to \infty} \frac{f'(x)}{g'(x)}$$

(2) (1) を用いて, $\displaystyle\lim_{x \to \infty} \frac{x}{e^x}$ を求めよ.

3 $e = 1 + \dfrac{1}{1!} + \dfrac{1}{2!} + \cdots + \dfrac{1}{(n-1)!} + \dfrac{\alpha}{n!}$ とおく.

(1) $0 < \alpha < e$ であることを示せ.

(2) (1) を利用して, e は無理数であることを示せ.

4 (1) $f'(a) = 0$ で $f''(a) < 0$ であれば, $f(a)$ は極大値であることを示せ.

(2) $f'(a) = 0$ で $f''(a) > 0$ であれば, $f(a)$ は極小値であることを示せ.

(3) $f(x) = x^3 - 3x$ のとき, $f'(a) = 0$ となる a を求めよ. さらに, その点で $f''(a)$ の符号を調べて $f(a)$ が極大値か極小値か決定せよ.

5 $f(x)$ は区間 $[a, b]$ 上で $f''(x) > 0$ とする.

(1) $a < x < b$ のとき,
$$\frac{f(x) - f(a)}{x - a} < f'(x) < \frac{f(b) - f(x)}{b - x}$$
を示せ.

(2) $0 < t < 1$ のとき, $f((1-t)a + tb) < (1-t)f(a) + tf(b)$ を示せ.

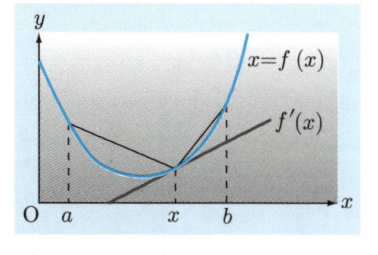

図 3.7

6 次の関数の極値を求めよ.

(1) $f(x) = x \log x$

(2) $f(x) = e^{-x} \sin x \quad (0 \leqq x \leqq 2\pi)$

7 (1) $x > 0$ のとき, $x - \dfrac{x^3}{3!} < \sin x < x$ が成立することを示せ.

(2) $f(x) = \sin x$
$$f_1(x) = x$$
$$f_2(x) = x - \frac{x^3}{3!}$$

$$f_3(x) = x - \frac{x^3}{3!} + \frac{x^5}{5!}$$
$$f_4(x) = x - \frac{x^3}{3!} + \frac{x^5}{5!} - \frac{x^7}{7!}$$
$$f_5(x) = x - \frac{x^3}{3!} + \frac{x^5}{5!} - \frac{x^7}{7!} + \frac{x^9}{9!}$$
$$\vdots$$

のグラフをかいて，$f_n(x)$ が $f(x)$ に近づくことを示そう．

8 関数 $y = f(x)$ は区間 $[a, b]$ において，

$$f(a) < 0, \qquad f(b) > 0, \qquad f'(x) > 0, \qquad f''(x) > 0$$

とする．このとき，

$$x_1 = b, \qquad x_{n+1} = x_n - \frac{f(x_n)}{f'(x_n)} \qquad (n = 1, 2, ...)$$

で定まる数列 $\{x_n\}$ は収束することを示せ．また，その極限を α とすると，

$$f(\alpha) = 0$$

であることを示せ．

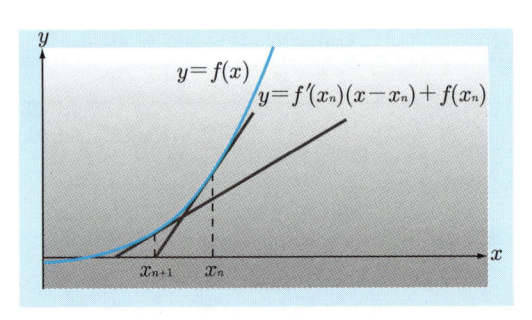

図 3.8

9 $\displaystyle\lim_{x \to \infty} f'(x) = k$ とすると，

(1) $\displaystyle\lim_{x \to \infty} \frac{f(x)}{x} = k$ 　　(2) $\displaystyle\lim_{x \to \infty} \{f(x-1) - f(x)\} = k$

であることを示せ．

第4章

積 分 法

4.1 積　　分

不定積分　　関数 $f(x)$ に対して，
$$F'(x) = f(x)$$
となる関数 $F(x)$ を $f(x)$ の**原始関数**という．$F(x)$ が $f(x)$ の原始関数のとき，$F(x)$ に定数 C を加えた関数 $F(x) + C$ も $f(x)$ の原始関数である．

逆に，次の定理も成り立つ．

> **定理 4.1**　　$F(x)$, $G(x)$ がともに $f(x)$ の原始関数であれば，
> $$G(x) = F(x) + C$$
> となる定数 C が存在する．

証明　　仮定から
$$\bigl(G(x) - F(x)\bigr)' = G'(x) - F'(x)$$
$$= f(x) - f(x) = 0$$

平均値の定理から，$G(x) - F(x)$ は定数 C であることがわかる．したがって，$G(x) = F(x) + C$ となる．

関数 $f(x)$ の原始関数のすべてを $\displaystyle\int f(x)\,dx$ と表す．これは $f(x)$ の**不定積分**と呼ばれる．不定積分を求めることを**積分する**という．したがって，

$$F'(x) = f(x) \iff \int f(x)dx = F(x) + C$$

が成り立つ．

例 4.1 微分の式から，次のように不定積分が求められる．

(1) $\left(\dfrac{x^3}{3}\right)' = x^2$ だから，$\dfrac{x^3}{3}$ は x^2 の原始関数である．よって，

$$\int x^2 \, dx = \frac{x^3}{3} + C$$

(2) $\left(\log|x|\right)' = \dfrac{1}{x}$ だから，$\log|x|$ は $\dfrac{1}{x}$ の原始関数である．よって，

$$\int \frac{1}{x} \, dx = \log|x| + C$$

(3) $(\sin x)' = \cos x$ だから，$\sin x$ は $\cos x$ の原始関数である．よって，

$$\int \cos x \, dx = \sin x + C$$

ここで，C は**積分定数**と呼ばれる．積分定数は省略することもある．

問題

4.1 微分の式から，次の不定積分を求めよ．

(1) $\displaystyle\int x \, dx$ $\quad\left(\left(\dfrac{x^2}{2}\right)' = x\right)$

(2) $\displaystyle\int \sqrt{x} \, dx$ $\quad\left(\left(\dfrac{x^{\frac{3}{2}}}{\frac{3}{2}}\right)' = x^{\frac{1}{2}}\right)$

(3) $\displaystyle\int \dfrac{1}{x^2} \, dx$ $\quad\left(\left(\dfrac{x^{-1}}{-1}\right)' = x^{-2}\right)$

(4) $\displaystyle\int e^{-x} \, dx$ $\quad\left(\left(\dfrac{e^{-x}}{-1}\right)' = e^{-x}\right)$

(5) $\displaystyle\int \cos 2x \, dx$ $\quad\left(\left(\dfrac{\sin 2x}{2}\right)' = \cos 2x\right)$

不定積分を計算するとき，次の公式が基本的である．

不定積分の基本公式

(1) $\displaystyle\int x^a\,dx = \dfrac{x^{a+1}}{a+1} + C \qquad (a \neq -1)$

(2) $\displaystyle\int x^{-1}\,dx = \log|x| + C$

(3) $\displaystyle\int e^x\,dx = e^x + C$

(4) $\displaystyle\int \cos x\,dx = \sin x + C$

(5) $\displaystyle\int \sin x\,dx = -\cos x + C$

(6) $\displaystyle\int \dfrac{1}{\cos^2 x}\,dx = \tan x + C$

ここに，C は定数を表す．公式 (1) 〜 (6) は，両辺を微分した式を比べることによって示される．

積分を求めるとき，次の性質は基本的である．

定理 4.2 (不定積分の線形性)

(1) $\displaystyle\int \{f(x) + g(x)\}\,dx = \int f(x)\,dx + \int g(x)\,dx$

(2) $\displaystyle\int \{kf(x)\}\,dx = k\int f(x)\,dx \qquad (k：定数)$

この定理は，両辺を微分した式を比較することによって示される．(2) の右辺に積分定数を付け加える方が正しいが，積分定数は省略するのが普通である．

例題 4.1　　　　　　　　　　　　　　　　　　不定積分の計算

次の不定積分を求めよ．

(1) $\displaystyle\int\left(x+\frac{1}{x}\right)dx$ 　　(2) $\displaystyle\int\left(\sqrt{x}+\frac{1}{\sqrt{x}}\right)^2 dx$

(3) $\displaystyle\int(\cos x+\sin x)\,dx$ 　　(4) $\displaystyle\int\left(\cos\frac{x}{2}+\sin\frac{x}{2}\right)^2 dx$

解答　(1) 不定積分の線形性より，

$$\int\left(x+\frac{1}{x}\right)dx=\int x\,dx+\int\frac{1}{x}\,dx=\frac{x^2}{2}+\log|x|+C$$

(2) $\left(\sqrt{x}+\dfrac{1}{\sqrt{x}}\right)^2=x+2+\dfrac{1}{x}$ だから

$$\int\left(\sqrt{x}+\frac{1}{\sqrt{x}}\right)^2 dx=\int\left(x+2+\frac{1}{x}\right)dx=\frac{x^2}{2}+2x+\log|x|+C$$

(3) 不定積分の線形性より，

$$\int(\cos x+\sin x)\,dx=\int\cos x\,dx+\int\sin x\,dx=\sin x-\cos x+C$$

(4) $\left(\cos\dfrac{x}{2}+\sin\dfrac{x}{2}\right)^2=\cos^2\dfrac{x}{2}+\sin^2\dfrac{x}{2}+2\cos\dfrac{x}{2}\sin\dfrac{x}{2}=1+\sin x$ だから

$$\int\left(\cos\frac{x}{2}+\sin\frac{x}{2}\right)^2 dx=\int(1+\sin x)\,dx=x-\cos x+C$$

問題

4.2 次の不定積分を求めよ．

(1) $\displaystyle\int x(2-3x)\,dx$ 　　(2) $\displaystyle\int(1-\cos x)\,dx$

(3) $\displaystyle\int\frac{1}{2x}\,dx$ 　　(4) $\displaystyle\int\frac{1+\cos^2 x}{\cos^2 x}\,dx$

(5) $\displaystyle\int\left(x^2+\frac{1}{x^2}\right)dx$ 　　(6) $\displaystyle\int\left(x+\frac{1}{x}\right)^2 dx$

定積分 関数 $f(x)$ の原始関数 $F(x)$ に対して,
$$\Big[F(x)\Big]_a^b = F(b) - F(a)$$
は,定理 4.1 から,$f(x)$ の原始関数によらない一定な値であることがわかる.この値を $f(x)$ の区間 $[a,b]$ における**定積分**といい,$\int_a^b f(x)\, dx$ と表す.このとき,

$$\int_a^b f(x)\, dx = \Big[F(x)\Big]_a^b = F(b) - F(a)$$

例題 4.2 ─────────────────── 定積分の計算 ─

次の定積分の値を求めよ.

(1) $\displaystyle\int_0^1 x^2\, dx$ (2) $\displaystyle\int_1^2 \frac{1}{x^2}\, dx$

解答 (1) $f(x) = x^2$ のとき,$F(x) = \dfrac{x^3}{3}$ は $f(x)$ の原始関数であるから,

$$\int_0^1 x^2\, dx = \left[\frac{x^3}{3}\right]_0^1 = \frac{1}{3} - 0 = \frac{1}{3}$$

(2) $\dfrac{1}{x^2} = x^{-2}$ だから,

$$\int_1^2 \frac{1}{x^2}\, dx = \left[\frac{x^{-2+1}}{-2+1}\right]_1^2 = -\frac{1}{2} + 1 = \frac{1}{2}$$

問題

4.3 次の定積分の値を求めよ.

(1) $\displaystyle\int_0^1 x^3\, dx$ (2) $\displaystyle\int_0^4 \sqrt{x}\, dx$ (3) $\displaystyle\int_{-1}^1 e^x\, dx$

(4) $\displaystyle\int_0^\pi \sin x\, dx$ (5) $\displaystyle\int_0^{\pi/4} \frac{dx}{\cos^2 x}$ (6) $\displaystyle\int_1^e \frac{1}{x}\, dx$

定積分を計算するときに,次の性質が基本的である.

> **定理 4.3** (定積分の基本的性質)
>
> (1) $\displaystyle\int_a^b \{f(x)+g(x)\}\,dx = \int_a^b f(x)\,dx + \int_a^b g(x)\,dx$
>
> (2) $\displaystyle\int_a^b \{kf(x)\}\,dx = k\int_a^b f(x)\,dx \quad (k:定数)$
>
> (3) $\displaystyle\int_a^b f(x)\,dx = \int_a^c f(x)\,dx + \int_c^b f(x)\,dx$

例題 4.3 ────────────── 定積分の計算 ─

次の定積分の値を求めよ.

(1) $\displaystyle\int_0^1 x(1-x)\,dx$ 　　(2) $\displaystyle\int_1^e \frac{1+x}{x}\,dx$

解答 (1) 定積分の基本的性質を利用すると,

$$\int_0^1 x(1-x)\,dx = \int_0^1 (x-x^2)\,dx = \int_0^1 x\,dx - \int_0^1 x^2\,dx$$
$$= \left[\frac{x^2}{2}\right]_0^1 - \left[\frac{x^3}{3}\right]_0^1 = \frac{1}{2} - \frac{1}{3} = \frac{1}{6}$$

(2) $\dfrac{1+x}{x} = \dfrac{1}{x} + 1$ だから,

$$\int_1^e \frac{1+x}{x}\,dx = \int_1^e \frac{1}{x}\,dx + \int_1^e 1\,dx = \Big[\log|x|\Big]_1^e + \Big[x\Big]_1^e = 1 + (e-1) = e$$

問題

4.4 次の定積分の値を求めよ.

(1) $\displaystyle\int_0^1 x(1-x^2)\,dx$ 　　(2) $\displaystyle\int_1^2 \left(x+\frac{1}{x}\right)^2 dx$

(3) $\displaystyle\int_0^\pi (\sin x + \cos x)\,dx$ 　　(4) $\displaystyle\int_0^{\pi/2} \left(\sin\frac{x}{2} + \cos\frac{x}{2}\right)^2 dx$

4.2 いろいろな関数の積分

変数の変換　　$F(x)$ が $f(x)$ の原始関数, すなわち, $F'(x) = f(x)$ とする. $F(x)$ と $x = \varphi(t)$ の合成関数 $F(\varphi(t))$ を t で微分すると

$$\frac{d}{dt}F(\varphi(t)) = F'(\varphi(t))\varphi'(t) = f(\varphi(t))\varphi'(t)$$

よって, $F(\varphi(t))$ は $f(\varphi(t))\varphi'(t)$ の原始関数だから,

$$\int f(\varphi(t))\varphi'(t)\,dt = F(\varphi(t)) + C = F(x) + C$$

したがって, 次の定理が成立する.

> 定理 4.4 (**不定積分の置換積分法**)　　$x = \varphi(t)$ と変数を変換すると
> $$\int f(x)\,dx = \int f(\varphi(t))\varphi'(t)\,dt$$

ここで, $x = \varphi(t)$ を t で微分すると

$$\frac{dx}{dt} = \varphi'(t)$$

この式の分母を払って,

$$dx = \varphi'(t)\,dt$$

定理の左辺の積分に, この式と $x = \varphi(t)$ を代入すると右辺の積分に変換される.

同様に, 定積分に対する置換積分法 (変数変換) が証明できる.

> 定理 4.5 (**定積分の置換積分法**)　　$x = \varphi(t)$ と変数を変換するとき, $a = \varphi(c), b = \varphi(d)$ ならば,
> $$\int_a^b f(x)\,dx = \int_c^d f(\varphi(t))\varphi'(t)\,dt$$

第4章 積分法

例題 4.4 ――変数の変換――

次の積分を計算せよ．

(1) $\displaystyle\int \sin 2x\, dx$ (2) $\displaystyle\int_0^{\frac{\pi}{2}} \sin 2x\, dx$

(3) $\displaystyle\int \frac{1+e^x}{e^x}\, dx$ (4) $\displaystyle\int_{-1}^{1} \frac{1+e^x}{e^x}\, dx$

解答 (1) $t=2x$ とおくと，$x=2^{-1}t$. 両辺を t で微分すると，$\dfrac{dx}{dt}=2^{-1}$. これを $dx=2^{-1}dt$ と表して，変数を変換すると

$$\int \sin 2x\, dx = \int (\sin t)\times 2^{-1}dt = \frac{1}{2}(-\cos t)+C = -\frac{\cos 2x}{2}+C$$

(2) (1) より，$\displaystyle\int_0^{\frac{\pi}{2}} \sin 2x\, dx = \left[-\frac{\cos 2x}{2}\right]_0^{\frac{\pi}{2}} = -\frac{-1-1}{2} = 1$

(3) $\dfrac{1+e^x}{e^x} = e^{-x}+1$ であるから，

$$\int \frac{1+e^x}{e^x}\, dx = \int (e^{-x}+1)\, dx = (*)$$

$x=-t$ と変数を変換すると，

$$(*) = \int (e^t+1)\,(-dt) = -(e^t+t)+C = -e^{-x}+x+C$$

(4) (3) より，$\displaystyle\int_{-1}^{1} \frac{1+e^x}{e^x}\, dx = \left[-e^{-x}+x\right]_{-1}^{1} = -e^{-1}+e+2$

問題

4.5 次の積分を計算せよ．

(1) $\displaystyle\int (2x+1)^3\, dx$ (2) $\displaystyle\int_{-1}^{1} (2x+1)^3\, dx$

(3) $\displaystyle\int \tan x\, dx$ (4) $\displaystyle\int_0^{\frac{\pi}{4}} \tan x\, dx$

(5) $\displaystyle\int xe^{-x^2}\, dx$ (6) $\displaystyle\int_0^{1} xe^{-x^2}\, dx$

(7) $\displaystyle\int \frac{x}{x^2+1}\, dx$ (8) $\displaystyle\int_0^{1} \frac{x}{x^2+1}\, dx$

部分積分法　関数の積の微分の公式を積分することによって，部分積分法と呼ばれる次の定理が示される．

> **定理 4.6**（不定積分の部分積分法）
> $$\int f'(x)g(x)\,dx = f(x)g(x) - \int f(x)g'(x)\,dx$$

証明
$$\bigl(f(x)g(x)\bigr)' = f'(x)g(x) + f(x)g'(x)$$
の両辺を積分すると
$$f(x)g(x) = \int f'(x)g(x)\,dx + \int f(x)g'(x)\,dx$$
右辺の第1項について解くと求める等式が示される．

同様に，定積分に関する部分積分法が成り立つ．

> **定理 4.7**（定積分の部分積分法）
> $$\int_a^b f'(x)g(x)\,dx = \Bigl[f(x)g(x)\Bigr]_a^b - \int_a^b f(x)g'(x)\,dx$$

定理 4.6，定理 4.7 において，$f(x)$ と $g(x)$ を入れ替えると，積分の部分積分について

$$\int f(x)g'(x)\,dx = f(x)g(x) - \int f'(x)g(x)\,dx$$

$$\int_a^b f(x)g'(x)\,dx = \Bigl[f(x)g(x)\Bigr]_a^b - \int_a^b f'(x)g(x)\,dx$$

が成立することが示される．

例題 4.5 ——————————————————————————— 部分積分法

次の積分を計算せよ．

(1) $\displaystyle\int (x-a)(b-x)^2\,dx$

(2) $\displaystyle\int_a^b (x-a)(b-x)^2\,dx$

解答 (1) $f(x)=(x-a)$, $g'(x)=(b-x)^2$ として，部分積分法を適用する．このとき，

$$g(x) = \frac{-(b-x)^3}{3}$$

だから，

$$\int (x-a)(b-x)^2\,dx$$

$$= \int (x-a)\left(\frac{-(b-x)^3}{3}\right)'\,dx$$

$$= (x-a)\frac{-(b-x)^3}{3} - \int \frac{-(b-x)^3}{3}\,dx$$

$$= (x-a)\frac{-(b-x)^3}{3} - \frac{(b-x)^4}{3\cdot 4} + C$$

$$= -\frac{1}{3}(x-a)(b-x)^3 - \frac{1}{12}(b-x)^4 + C$$

(2) (1) より，

$$\int_a^b (x-a)(b-x)^2\,dx$$

$$= \left[-\frac{1}{3}(x-a)(b-x)^3 - \frac{1}{12}(b-x)^4\right]_a^b$$

$$= \frac{1}{12}(b-a)^4$$

4.2 いろいろな関数の積分

例題 4.6 ──────────────── 部分積分法 ─

次の積分を計算せよ．

(1) $\displaystyle\int x\sin x\ dx$

(2) $\displaystyle\int_0^\pi x\sin x\ dx$

解答 $f(x)=x,\ g'(x)=\sin x$ とする．
$$g(x)=-\cos x$$
だから，部分積分法によって，
$$\begin{aligned}\int x\sin x\ dx &= \int x(-\cos x)'\ dx \\ &= x(-\cos x)-\int (x)'(-\cos x)\ dx \\ &= -x\cos x+\int \cos x\ dx \\ &= -x\cos x+\sin x+C\end{aligned}$$

(2) (1) より，
$$\int_0^\pi x\sin x\ dx = \Big[-x\cos x+\sin x\Big]_0^\pi = \pi$$

問 題

4.6 次の積分を計算せよ．

(1) $\displaystyle\int x(x+1)^3\ dx$ (2) $\displaystyle\int_{-1}^1 x(x+1)^3\ dx$

(3) $\displaystyle\int 2x\cos x\sin x\ dx$ (4) $\displaystyle\int_0^{\frac{\pi}{2}} 2x\cos x\sin x\ dx$

(5) $\displaystyle\int xe^x\ dx$ (6) $\displaystyle\int_{-1}^1 xe^x\ dx$

(7) $\displaystyle\int x\log x\ dx$ (8) $\displaystyle\int_1^e x\log x\ dx$

第4章 積 分 法

分数関数の積分　2つの多項式（整式）の商で表される関数を**分数関数**（式）という．分数関数の積分は，部分分数に展開して求める．

例題 4.7 ─────────────── 分数関数の不定積分 ─

(1) x^3+2 を x^2-1 で割った商 $ax+b$ と余り $cx+d$ を求めて
$$\frac{x^3+2}{x^2-1} = ax+b+\frac{cx+d}{x^2-1}$$
の形に表せ．

(2) 右辺の分数式を次のように部分分数に展開せよ．
$$\frac{cx+d}{x^2-1} = \frac{cx+d}{(x-1)(x+1)} = \frac{p}{x-1}+\frac{q}{x+1}$$

(3) 不定積分 $\displaystyle\int \frac{x^3+2}{x^2-1}\,dx$ を計算せよ．

解答　(1)　x^3+2 を x^2-1 で割ったときの商は x，余りは $x+2$ であるから，$x^3+2 = x(x^2-1)+(x+2)$．よって，
$$\frac{x^3+2}{x^2-1} = \frac{x(x^2-1)+(x+2)}{x^2-1} = x+\frac{x+2}{x^2-1}$$

(2) $\dfrac{x+2}{(x-1)(x+1)} = \dfrac{p}{x-1}+\dfrac{q}{x+1}$ の両辺に $(x-1)(x+1)$ をかけると
$$x+2 = p(x+1)+q(x-1)$$
ここで，$x=1$ とおくと $3=2p$, $x=-1$ とおくと $1=-2q$ だから
$$\frac{x+2}{x^2-1} = \frac{x+2}{(x-1)(x+1)} = \frac{3}{2}\frac{1}{x-1}-\frac{1}{2}\frac{1}{x+1}$$

(3) (1), (2) から，$\dfrac{x^3+2}{x^2-1} = x+\dfrac{3}{2}\dfrac{1}{x-1}-\dfrac{1}{2}\dfrac{1}{x+1}$．したがって，
$$\int \frac{x^3+2}{x^2-1}dx = \int x\,dx + \frac{3}{2}\int \frac{1}{x-1}dx - \frac{1}{2}\int \frac{1}{x+1}dx$$
$$= \frac{x^2}{2} + \frac{3}{2}\log|x-1| - \frac{1}{2}\log|x+1| + C$$

4.2 いろいろな関数の積分

問題

4.7 (1) 次の式が成立するように定数 a, b, c を定めよ．

$$\frac{x^2}{x+1} = ax + b + \frac{c}{x+1}$$

(2) 不定積分 $\displaystyle\int \frac{x^2}{x+1}\, dx$ を計算せよ．

4.8 (1) $x^3 + 2$ を $(x-1)^2$ で割ったときの商 $ax+b$ と余り $cx+d$ を求めよ．

(2) 次の式が成立するように定数 p, q を定めよ．

$$\frac{cx+d}{(x-1)^2} = \frac{p}{x-1} + \frac{q}{(x-1)^2}$$

(3) 不定積分 $\displaystyle\int \frac{x^3+2}{(x-1)^2}\, dx$ を計算せよ．

4.9 (1) 次の式が成立するように定数 a, b, c を定めよ．

$$\frac{x+2}{x(x-1)^2} = \frac{a}{x} + \frac{b}{x-1} + \frac{c}{(x-1)^2}$$

(2) 不定積分 $\displaystyle\int \frac{x+2}{x(x-1)^2}\, dx$ を計算せよ．

無理関数の積分　　無理関数の積分を計算するとき，適当な変数の変換によって，無理関数を有理関数の積分に変換することを考える．

例題 4.8 ────────────────── **無理関数の積分**

定積分 $\displaystyle\int_2^5 \frac{x}{\sqrt{x-1}}\, dx$ を計算せよ．

解答　$t = \sqrt{x-1}$ とおくと，$x = t^2 + 1$．両辺を t で微分すると，$dx/dt = 2t$ だから，$dx = (2t)dt$．また，$x = 2$ のとき $t = 1$，$x = 5$ のとき $t = 2$ であるから，

$$\int_2^5 \frac{x}{\sqrt{x-1}}\, dx = \int_1^2 \frac{t^2+1}{t}(2t)dt = \int_1^2 2(t^2+1)\, dt$$

$$= 2\left[\frac{t^3}{3} + t\right]_1^2 = \frac{14}{3} + 2 = \frac{20}{3}$$

例題 4.9 — 無理関数の積分

定積分 $\int_0^2 \sqrt{4-x^2}\,dx$ を計算せよ．

解答 $x = 2\sin\theta$ とおくと，

x	0	$\sim$	2
θ	0	$\sim$	$\dfrac{\pi}{2}$

この範囲で，
$$\sqrt{4-x^2} = 2\cos\theta$$

また，$\dfrac{dx}{d\theta} = 2\cos\theta$ であるから，$dx = 2\cos\theta\,d\theta$．したがって，

$$\begin{aligned}
\int_0^2 \sqrt{4-x^2}\,dx &= \int_0^{\pi/2} 2\cos\theta\,(2\cos\theta)\,d\theta \\
&= 4\int_0^{\pi/2} \cos^2\theta\,d\theta \\
&= 4\int_0^{\pi/2} \frac{1+\cos 2\theta}{2}\,d\theta \\
&= 4\left[\frac{\theta}{2} + \frac{\sin 2\theta}{4}\right]_0^{\pi/2} \\
&= \pi
\end{aligned}$$

問題

4.10 次の積分を計算せよ．

(1) $\displaystyle\int_0^1 \sqrt[3]{x}\,dx$

(2) $\displaystyle\int_0^1 \frac{x}{\sqrt{1+x^2}}\,dx$

(3) $\displaystyle\int_1^2 x\sqrt{x-1}\,dx$

(4) $\displaystyle\int_0^3 \frac{3-x}{\sqrt{1+x}}\,dx$

4.2 いろいろな関数の積分

三角関数の積分　ここで，三角関数を含む式の積分を考えよう．

例題 4.10 ──────────────── 三角関数の積分 ─

m, n が自然数のとき，次の定積分を計算せよ．

(1) $\displaystyle\int_0^{2\pi} \cos mx \cos nx \, dx$ (2) $\displaystyle\int_0^{2\pi} \cos mx \sin nx \, dx$

解答　(1) $\cos mx \cos nx = \dfrac{1}{2}\{\cos(m+n)x + \cos(m-n)x\}$ だから，$m \neq n$ のとき

$$\int_0^{2\pi} \cos mx \cos nx \, dx = \int_0^{2\pi} \frac{1}{2}\{\cos(m+n)x + \cos(m-n)x\}dx$$
$$= \left[\frac{1}{2(m+n)}\sin(m+n)x + \frac{1}{2(m-n)}\sin(m-n)x\right]_0^{2\pi}$$
$$= 0$$

$m = n$ のとき

$$\int_0^{2\pi} \cos mx \cos nx \, dx = \int_0^{2\pi} \frac{1}{2}\{\cos 2nx + 1\}dx$$
$$= \left[\frac{1}{4n}\sin 2nx + \frac{1}{2}x\right]_0^{2\pi}$$
$$= \pi$$

(2) $\cos mx \sin nx = \dfrac{1}{2}\{\sin(m+n)x - \sin(m-n)x\}$ だから，$m \neq n$ のとき

$$\int_0^{2\pi} \cos mx \sin nx \, dx = \int_0^{2\pi} \frac{1}{2}\{\sin(m+n)x - \sin(m-n)x\}dx$$
$$= \left[-\frac{1}{2(m+n)}\cos(m+n)x + \frac{1}{2(m-n)}\cos(m-n)x\right]_0^{2\pi}$$
$$= 0$$

$m = n$ のとき

$$\int_0^{2\pi} \cos mx \sin nx \, dx = \int_0^{2\pi} \frac{1}{2}\sin 2nx \, dx$$
$$= \left[-\frac{1}{4n}\cos 2nx\right]_0^{2\pi}$$
$$= 0$$

問題

4.11 次の積分を計算せよ．

(1) $\displaystyle\int_0^{\pi/4} \sin 4x \, dx$ (2) $\displaystyle\int_0^{\pi} \cos^2 x \, dx$

(3) $\displaystyle\int_0^{\pi} \sin^3 x \, dx$ (4) $\displaystyle\int_0^{2\pi} \sin x \sin 3x \, dx$

(5) $\displaystyle\int_0^{\pi/2} \frac{\sin x}{1+\cos x} \, dx$ (6) $\displaystyle\int_0^{\pi/2} (\sin^4 x + \cos^4 x) \, dx$

4.12 次の2つの定積分を考える．
$$I = \int_0^{\pi/2} \frac{\cos x}{\sin x + \cos x} \, dx, \quad J = \int_0^{\pi/2} \frac{\sin x}{\sin x + \cos x} \, dx$$

(1) $I = J$ を示せ．   (2) $I+J$ の値を求めよ．

(3) I, J の値を求めよ．

4.13 定積分 $I = \displaystyle\int_{\pi/4}^{\pi/2} \frac{1}{\sin x} \, dx$ を考える．

(1) 被積分関数の分母・分子に $\sin x$ をかけた式
$$I = \int_{\pi/4}^{\pi/2} \frac{\sin x}{\sin^2 x} \, dx = \int_{\pi/4}^{\pi/2} \frac{\sin x}{1-\cos^2 x} \, dx$$

において，$\cos x = t$ と変数を変換して，t の式で表せ．

(2) I の値を求めよ．

発展問題 4

1 (1) $f(x)$ が奇関数のとき，$\displaystyle\int_{-a}^a f(x) \, dx = 0$ を示せ．

(2) $f(x)$ が偶関数のとき，$\displaystyle\int_{-a}^a f(x) \, dx = 2\int_0^a f(x) \, dx$ を示せ．

2 $I(a) = \displaystyle\int_{-a}^a \frac{|\sin x|}{1+e^x} \, dx$ とおく．

(1) $\displaystyle\int_{-a}^0 \frac{|\sin x|}{1+e^x} \, dx = \int_0^a \frac{e^x \sin x}{1+e^x} \, dx$ を示せ．

(2) $I(\pi)$ を求めよ．

3 (1) $t = \tan(x/2)$ とおくと，次を示せ．

発展問題 4

(i) $\sin x = \dfrac{2t}{1+t^2}$ (ii) $\cos x = \dfrac{1-t^2}{1+t^2}$

(iii) $\tan x = \dfrac{2t}{1-t^2}$ (iv) $dx = \dfrac{2}{1+t^2}dt$

(2) 次の定積分を計算せよ．

(i) $\displaystyle\int_0^\pi \dfrac{1}{1+\sin x}dx$ (ii) $\displaystyle\int_0^{\frac{\pi}{2}} \dfrac{1}{\cos x + \sin x}dx$

4 $f(x) = x^2 + \displaystyle\int_{-1}^{1} f(t)\,dt$ となる連続関数 $f(x)$ を求めよ．

5 整数 $n \geqq 0$ に対して，$I_n = \displaystyle\int_0^{\pi/2} \sin^n x\,dx$ とおくと，

(1) $I_n = \dfrac{n-1}{n}I_{n-2}$ ($n \geqq 2$) を示せ．   (2) I_0, I_1 を求めよ．

(3) $I_{2m-1} = \dfrac{(2m-2)\cdot(2m-4)\cdots 2}{(2m-1)\cdot(2m-3)\cdots 3}$ ($m \geqq 2$) を示せ．

(4) $I_{2m} = \dfrac{(2m-1)\cdot(2m-3)\cdots 3\cdot 1}{(2m)\cdot(2m-2)\cdots 4\cdot 2}\dfrac{\pi}{2}$ を示せ．

6 自然数 n に対して，$I_n = \displaystyle\int \dfrac{1}{(x^2+1)^n}\,dx$ とおくとき，次を示せ．

$$I_{n+1} = \dfrac{x}{2n(x^2+1)^n} + \dfrac{2n-1}{2n}I_n$$

7 (1) $I_n = \displaystyle\int_0^1 x^n e^{-x}\,dx$ の漸化式をつくり，I_2 の値を求めよ．

(2) $I_n = \displaystyle\int_1^e x(\log x)^n\,dx$ の漸化式をつくり，I_2 の値を求めよ．

8 $f(x)$ は区間 $[0, a]$ 上連続かつ狭義単調増加とする．$f(0) = 0, b = f(a)$ のとき，

$\displaystyle\int_0^a f(x)dx + \int_0^b f^{-1}(x)dx = ab$ を示せ．

9 $f(x), g(x)$ は区間 $[a, b]$ 上の連続かつ正値関数とする．

(1) $\lambda > 0$ に対して，$\lambda\{f(x)\}^2 + \dfrac{\{g(x)\}^2}{\lambda} \geqq f(x)g(x)$ を示せ．

(2) シュワルツの不等式 $\displaystyle\int_a^b f(x)g(x)dx \leqq \left(\int_a^b \{f(x)\}^2 dx\right)^{1/2}\left(\int_a^b \{g(x)\}^2 dx\right)^{1/2}$ を示せ．

(3) 不等式 $\displaystyle\int_0^1 \sqrt{1-x^4}\,dx \leqq \dfrac{2\sqrt{2}}{3}$ を示せ．

第5章

積分法の応用

5.1 リーマン和

関数 $f(x)$ は，閉区間 $I = [a, b]$ 上連続とする．区間 I を n 等分すると，k 番目の区間は $\left[a + \dfrac{b-a}{n}(k-1), a + \dfrac{b-a}{n}k\right]$ である．リーマン和

$$S_n = \sum_{k=1}^{n} f\left(a + \frac{b-a}{n}k\right) \frac{b-a}{n}$$

を考えよう．区間 I で $f(x) \geqq 0$ のとき，リーマン和は図のような長方形の柱の面積の総和を表す．ここで，$n \to \infty$ とすると，リーマン和は，曲線 $y = f(x)$，x 軸および 2 直線 $x = a$，$x = b$ で囲まれる図形の面積 $S(a, b)$ に近づく．

a を固定して，$S(x) = S(a, x)$ とおく．このとき，次の定理は**微分積分学の基本定理**と呼ばれる．

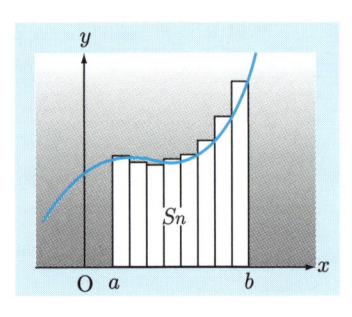

図 5.1

定理 5.1 $S(x)$ は $f(x)$ の原始関数で，$S(x) = \displaystyle\int_a^x f(t)\,dt$

5.1 リーマン和

証明 最初に，$a \leqq x < b$ のとき，

$$\lim_{h \to +0} \frac{S(x+h) - S(x)}{h} = f(x) \tag{$*$}$$

を示そう．区間 $x \leqq t \leqq x+h$ における関数 $f(t)$ の最大値を $M(h)$，最小値を $m(h)$ とする．このとき，$S(x+h) - S(x) = S(x, x+h)$ かつ

$$m(h)\{(x+h) - x\} \leqq S(x, x+h) \leqq M(h)\{(x+h) - x\}$$

に注意すると

$$m(h) \leqq \frac{S(x+h) - S(x)}{h} \leqq M(h)$$

ここで，$h \to +0$ のとき，$m(h) \to f(x)$，$M(h) \to f(x)$ だから，挟み撃ちの原理から $(*)$ が示される．

同様にして，

$$\lim_{h \to -0} \frac{S(x+h) - S(x)}{h} = f(x)$$

も示される．よって，

$$\frac{d}{dx} S(x) = \lim_{h \to 0} \frac{S(x+h) - S(x)}{h}$$
$$= f(x)$$

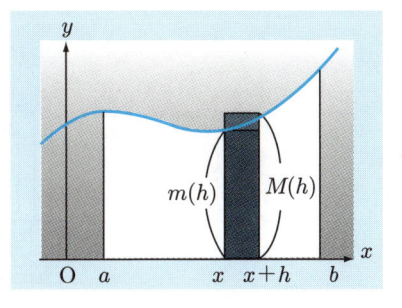

図 5.2

すなわち，$S(x)$ は $f(x)$ の原始関数である．また，

$$S(x) = \int_a^x f(t)\, dt + C$$

となる定数 C が存在する．$x = a$ のとき，$S(a) = 0$，$\int_a^a f(x) dx = 0$ だから，$C = 0$ である．したがって，求める等式が示される．

定理 5.1 において，$a = 0, x = 1$ とすると

$$\int_0^1 f(x)\, dx = \lim_{n \to \infty} \frac{1}{n} \sum_{k=1}^n f\left(\frac{k}{n}\right)$$

例題 5.1 ——— リーマン和と定積分

定積分を利用して,極限値 $\displaystyle\lim_{n\to\infty}\sum_{k=1}^{n}\frac{1}{n+k}$ の値を求めよ.

解答
$$\sum_{k=1}^{n}\frac{1}{n+k}=\sum_{k=1}^{n}\frac{1}{1+\frac{k}{n}}\frac{1}{n}$$

は,区間 $[0,1]$ における関数 $f(x)=\dfrac{1}{1+x}$ のリーマン和であるから,

$$\lim_{n\to\infty}\sum_{k=1}^{n}\frac{1}{n+k}=\int_{0}^{1}\frac{1}{1+x}\,dx=\Big[\log(1+x)\Big]_{0}^{1}=\log 2$$

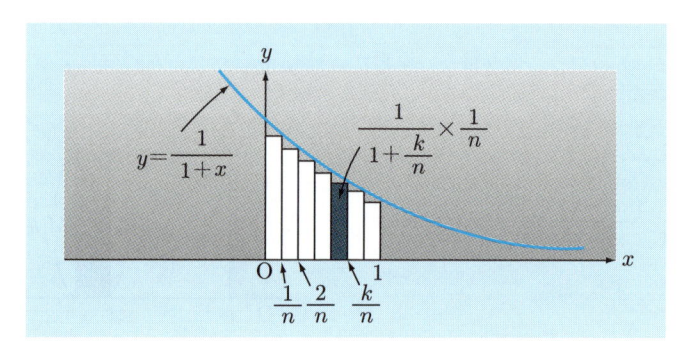

図 5.3

参考 この例題から

$$1-\frac{1}{2}+\frac{1}{3}-\frac{1}{4}+\frac{1}{5}-\cdots=\log 2$$

が示される.

問題

5.1 定積分を利用して,次の極限値の値を求めよ.

(1) $\displaystyle\lim_{n\to\infty}\sum_{k=1}^{n}\frac{n^2+k^2}{n^3}$ (2) $\displaystyle\lim_{n\to\infty}\frac{1}{n}\sum_{k=1}^{n}\sin\frac{k\pi}{n}$

例題 5.2 — 面積の近似値

一目盛が r の方眼紙の上に描かれた円の面積 S の近似値を求めたい．そのために，円の内部に含まれる小さな正方形の個数を N_1，円の内部または周と交わる正方形の個数をを N_2 とするとき，

$$N_1 r^2 < S < N_2 r^2$$

であるから，S の近似値として $\dfrac{N_1 r^2 + N_2 r^2}{2} = \dfrac{N_1 + N_2}{2} r^2$ を考える．このとき，

$$\frac{N_1 + N_2}{2} r^2 = \left(N_1 + \frac{N_2^*}{2} \right) r^2$$

である．ここに，N_2^* は円周と交わる正方形の個数を表す．

(1) 図 5.4，図 5.5 のそれぞれで，円の面積の近似値を求めよ．
(2) 三角定規と物差を利用して，円の半径を求めよ．
(3) (1) と (2) から π の近似値を求めよ．

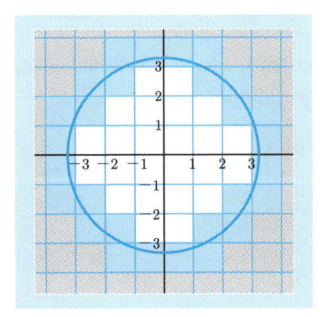

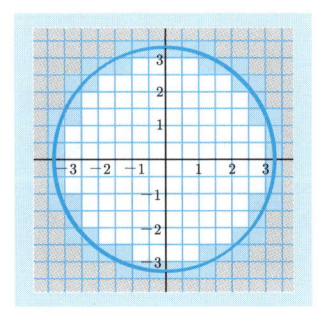

図 5.4　　　　　　　　　　図 5.5

解答　(1)　図 5.4 では，$N_1 = 24$, $N_2^* = 28$ だから，
$(N_1 + N_2^*/2) r^2 = (24 + 28/2) \times 1^2 = 38$
図 5.5 では，$N_1 = 28 \times 4$, $N_2^* = 13 \times 4$ だから，
$(N_1 + N_2^*/2) r^2 = \{28 \times 4 + (13 \times 4)/2\} \times 0.5^2 = 34.5$
(2)　半径は 3.3
(3)　図 5.4 では $3.3^2 \pi = 38$ だから，$\pi = 38/3.3^2 = 3.49$
図 5.5 では $3.3^2 \pi = 34.5$ だから，$\pi = 34.5/3.3^2 = 3.17$

第 5 章 積分法の応用

問 題

5.2 (1) 幅が 0.1 の方眼紙の上に描かれた曲線 $y = \dfrac{\sin x}{x}$ と x 軸, y 軸および直線 $x = 1$ で囲まれた図形の面積の近似値を求めよ.

(2) 近似式 $\sin x \fallingdotseq x - \dfrac{x^3}{3!}$ を利用して, 定積分

$$\int_0^1 \frac{\sin x}{x}\, dx$$

の近似値を求めて, (1) の結果と比較せよ.

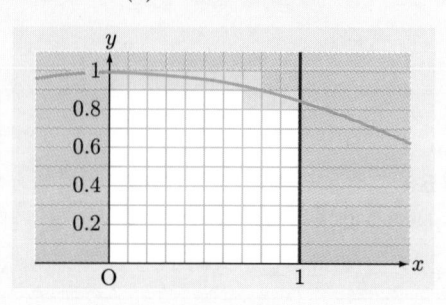

図 5.6

5.3 (1) 幅が 0.1 の方眼紙の上に描かれた曲線 $y = e^{-x^2}$ と x 軸, y 軸および直線 $x = 1$ で囲まれた図形の面積の近似値を求めよ.

(2) 近似式 $e^{-x^2} \fallingdotseq 1 - x^2 + \dfrac{x^4}{2}$ を利用して, 定積分

$$\int_0^1 e^{-x^2}\, dx$$

の近似値を求めて, (1) の結果と比較せよ.

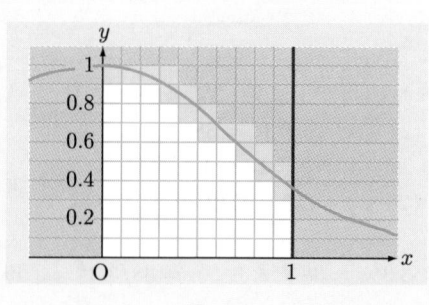

図 5.7

5.2 広義積分，無限積分

関数 $f(x)$ が区間 $(a,b]$ では連続であるが，a では連続と限らないとき，極限値 $\lim_{\varepsilon \to +0} \int_{a+\varepsilon}^{b} f(x)\,dx$ が存在するならば，$\int_{a}^{b} f(x)dx = \lim_{\varepsilon \to +0} \int_{a+\varepsilon}^{b} f(x)\,dx$ によって定積分を定める．このような積分を**広義積分**という．広義積分が有限値として定まるとき，広義積分は**収束**するという．さらに，区間 $[a,\infty)$ 上の連続関数に対して，**無限積分**

$$\int_{a}^{\infty} f(x)\,dx = \lim_{b \to \infty} \int_{a}^{b} f(x)dx$$

を定義する．同様に，$\int_{-\infty}^{b} f(x)\,dx$, $\int_{-\infty}^{\infty} f(x)\,dx$ も定義される．

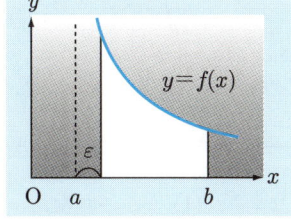

図 5.8

例題 5.3 ─────────────────── 広義積分 ─

$\lambda < 1$ のとき，広義積分 $\int_{0}^{1} x^{-\lambda}\,dx$ の値を求めよ．

解答 $\lambda \leqq 0$ のときは普通の連続関数の積分である．$\varepsilon > 0$ に対して，

$$\int_{\varepsilon}^{1} x^{-\lambda}\,dx = \left[\frac{x^{-\lambda+1}}{-\lambda+1}\right]_{\varepsilon}^{1} = \frac{1-\varepsilon^{-\lambda+1}}{-\lambda+1}$$

$-\lambda+1 > 0$ だから，$\lim_{\varepsilon \to +0} \varepsilon^{-\lambda+1} = 0$．よって，

$$\int_{0}^{1} x^{-\lambda}\,dx = \lim_{\varepsilon \to +0} \int_{\varepsilon}^{1} x^{-\lambda}\,dx = \frac{1}{-\lambda+1}$$

問題

5.4 広義積分 $\int_{0}^{1} \log x\,dx$ の値を求めよ．

5.5 無限積分 $\int_{0}^{\infty} \dfrac{1}{1+x^2}\,dx$ の値を求めよ．

例題 5.4 ─────────────── ガンマ関数

$\alpha > 0$ に対してガンマ関数は $\Gamma(\alpha) = \displaystyle\int_0^\infty x^{\alpha-1} e^{-x} dx$ により定義される.
(1) $\Gamma(\alpha+1) = \alpha \Gamma(\alpha)$ を示せ.
(2) 自然数 n に対して, $\Gamma(n) = (n-1)!$ となることを示せ.

解答 (1) $0 < a < b < \infty$ とすると, 部分積分法によって,

$$\int_a^b x^\alpha e^{-x} \, dx = \Bigl[x^\alpha (-e^{-x})\Bigr]_a^b - \int_a^b (\alpha x^{\alpha-1})(-e^{-x}) \, dx$$

$\displaystyle\lim_{a \to +0} a^\alpha e^{-a} = 0$, $\displaystyle\lim_{b \to \infty} b^\alpha e^{-b} = 0$ に注意して, $a \to +0, b \to \infty$ とすれば,

$$\Gamma(\alpha+1) = \int_0^\infty x^\alpha e^{-x} \, dx = -\int_0^\infty (\alpha x^{\alpha-1})(-e^{-x}) \, dx = \alpha \Gamma(\alpha)$$

これより, (1) が示された.

(2) (1) より,

$$\Gamma(n) = (n-1)\Gamma(n-1) = (n-1)(n-2)\Gamma(n-2) = \cdots$$
$$= \Bigl[(n-1)(n-2)\cdots 1\Bigr] \Gamma(1) = (n-1)!\, \Gamma(1)$$

ここで, $\Gamma(1) = \displaystyle\int_0^\infty e^{-x} \, dx = \lim_{b \to \infty} \int_0^b e^{-x} \, dx = \lim_{b \to \infty} \Bigl[-e^{-x}\Bigr]_0^b = 1$ だから, $\Gamma(n) = (n-1)!$.

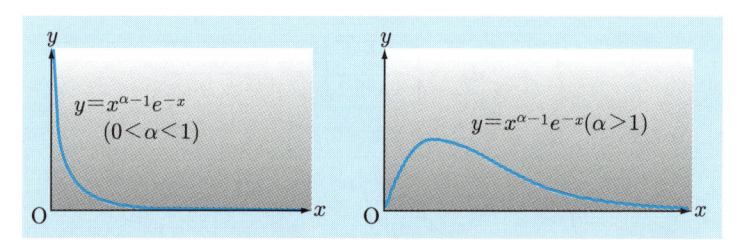

図 5.9

問題

5.6 次の積分をガンマ関数を用いて表せ.

(1) $I_1 = \displaystyle\int_0^\infty e^{-x^2} \, dx$ (2) $I_2 = \displaystyle\int_0^\infty x^2 e^{-x^2} \, dx$

5.3 級数の和

$1 - r + r^2 - r^3 + \cdots$ は項比 $-r$ の等比級数だから,$|r| < 1$ のとき,

$$1 - r + r^2 - r^3 + \cdots = \frac{1}{1+r} \qquad (*)$$

関数 $f_1(x) = 1 - x$, $f_2(x) = 1 - x + x^2$, $f_3(x) = 1 - x + x^2 - x^3$, $f_4(x) = 1 - x + x^2 - x^3 + x^4$, ... のグラフをかいてみると,$-1 < x < 1$ の範囲で,$f(x) = \dfrac{1}{1+x}$ のグラフに近づくことがわかる.

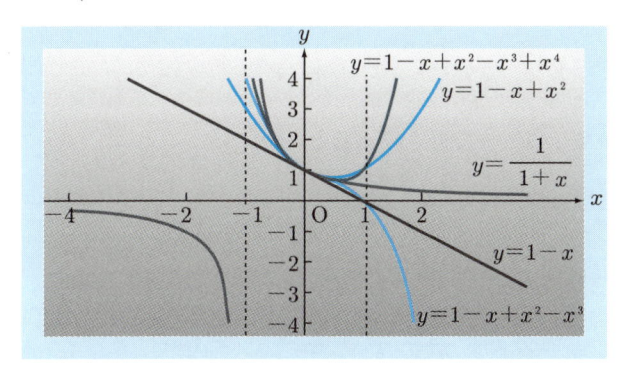

図 5.10

$(*)$ の両辺を区間 $[0, x]$ $(0 < x < 1)$ 上で積分すると

$$\text{左辺} = \int_0^x 1\, dr - \int_0^x r\, dr + \int_0^x r^2\, dr - \int_0^x r^3\, dr + \cdots$$

$$= x - \frac{x^2}{2} + \frac{x^3}{3} - \frac{x^4}{4} + \cdots$$

$$\text{右辺} = \int_0^x \frac{1}{1+r}\, dr = \Big[\log(1+r)\Big]_0^x = \log(1+x)$$

したがって,$x - \dfrac{x^2}{2} + \dfrac{x^3}{3} - \dfrac{x^4}{4} + \cdots = \log(1+x)$

関数 $g_1(x) = x$, $g_2(x) = x - \dfrac{x^2}{2}$, $g_3(x) = x - \dfrac{x^2}{2} + \dfrac{x^3}{3}$, $g_4(x) = x - \dfrac{x^2}{2} + \dfrac{x^3}{3} - \dfrac{x^4}{4}$, ... のグラフをかいてみると,$-1 < x \leqq 1$ の範囲で,$g(x) = \log(1+x)$ のグラフに近づくことがわかる.とくに,$x = 1$ では振動

しながら $\log 2$ に近づく．したがって，$1 - \dfrac{1}{2} + \dfrac{1}{3} - \dfrac{1}{4} + \cdots = \log 2$

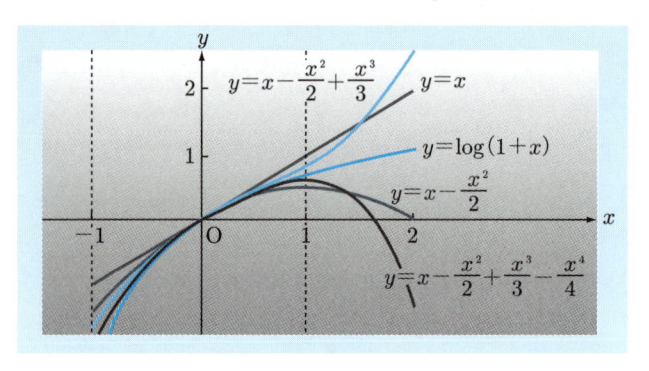

図 5.11

$(*)$ において r を r^2 で置き換えると

$$1 - r^2 + r^4 - r^6 + \cdots = \frac{1}{1+r^2}$$

上記と同様に区間 $[0, x]$ で積分すると

$$x - \frac{x^3}{3} + \frac{x^5}{5} - \frac{x^7}{7} + \cdots = \tan^{-1} x$$

とくに，$x = 1$ のとき

$$1 - \frac{1}{3} + \frac{1}{5} - \frac{1}{7} + \cdots = \int_0^1 \frac{1}{1+r^2}\, dr = \tan^{-1} 1 = \frac{\pi}{4}$$

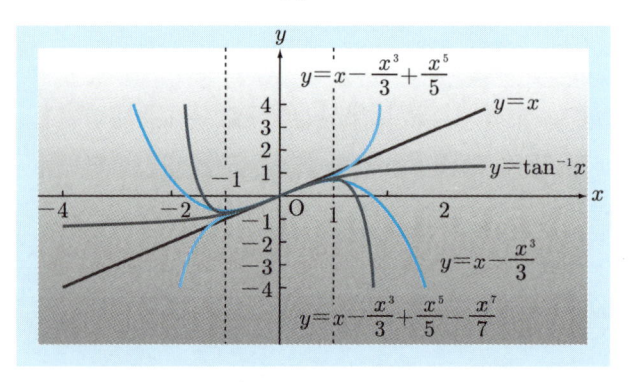

図 5.12

発展問題 5

1 (1) 2 以上の自然数 n に対して，次の不等式を示せ．
$$\log(n+1) < 1 + \frac{1}{2} + \frac{1}{3} + \cdots + \frac{1}{n} < 1 + \log n$$

(2) $a_n = 1 + \frac{1}{2} + \frac{1}{3} + \cdots + \frac{1}{n} - \log n$ とおくと，Excel による数列のグラフから，$\{a_n\}$ は単調減少である数に収束することを確認しよう（ここで，$\lim_{n\to\infty} a_n = \gamma$ は**オイラーの定数**と呼ばれ，$\gamma = 0.57721566\cdots$ である）．

(3) $\displaystyle\lim_{n\to\infty} \frac{1 + \frac{1}{2} + \frac{1}{3} + \cdots + \frac{1}{n}}{\log n}$ を求めよ．

2 $0 < r < 1$ に対して，次のようにおく．
$$S(r) = 1^2 \cdot (1-r) + r^2(r-r^2) + (r^2)^2(r^2-r^3) + (r^3)^2(r^3-r^4) + \cdots$$
$$T(r) = r^2 \cdot (1-r) + (r^2)^2(r-r^2) + (r^3)^2(r^2-r^3) + \cdots$$

(1) $S(r), T(r)$ の和を求めよ．

(2) 不等式 $T(r) < \displaystyle\int_0^1 x^2\, dx < S(r)$ を示せ．

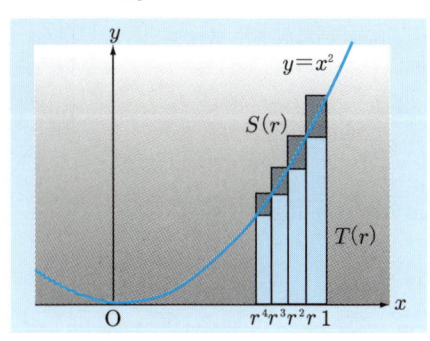

(3) $\displaystyle\lim_{r\to 1-0} S(r) = \lim_{r\to 1-0} T(r) = \frac{1}{3}$ を示せ．

(4) (2), (3) から，定積分 $\displaystyle\int_0^1 x^2\, dx$ の値を求めよ．

図 5.13

3 $0 < r < 1$ に対して，
$$S(r) = e \cdot (1-r) + e^r(r-r^2) + e^{r^2}(r^2-r^3) + e^{r^3}(r^3-r^4) + \cdots$$
$$T(r) = e^r \cdot (1-r) + e^{r^2}(r-r^2) + e^{r^3}(r^2-r^3) + \cdots$$

とおく．このとき，$\displaystyle\lim_{r\to 1-0} S(r) = \lim_{r\to 1-0} T(r) = e - 1$ を示せ．

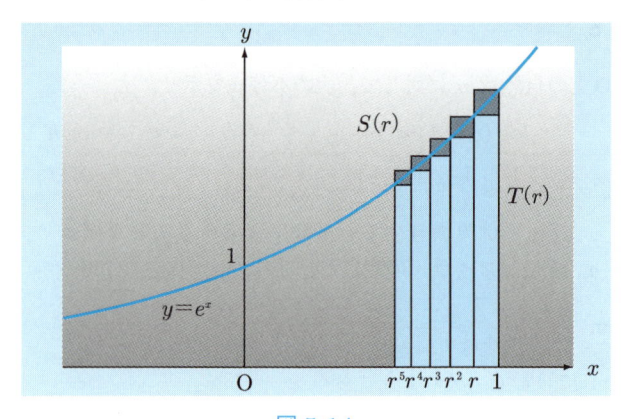

図 5.14

4. $\left(\displaystyle\int_a^x (x-t)f(t)\,dt\right)'' = f(x)$ を示せ.

5. (1) 広義積分
$$I = \int_0^{\frac{\pi}{2}} \log \sin\theta \,d\theta$$
が存在することを示せ.

(2) $\displaystyle\int_0^{\pi} \log \sin\theta \,d\theta = 2I$ を示せ.

(3) I は $J = \displaystyle\int_0^{\frac{\pi}{2}} \log \cos\theta \,d\theta$ と一致することを示せ.

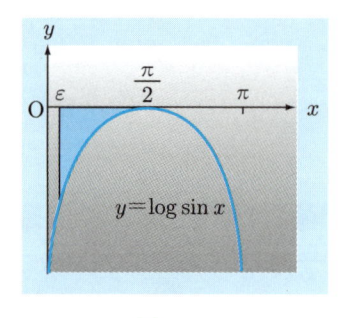

(4) $I + J = \displaystyle\int_0^{\frac{\pi}{2}} \log \frac{\sin 2\theta}{2} \,d\theta$
$= \dfrac{1}{2}\displaystyle\int_0^{\pi} \log \sin\theta \,d\theta - \dfrac{\pi}{2}\log 2$ を示せ.

図 5.15

(5) I の値を求めよ.

6. (1) $\cos\theta - \cos 2\theta + \cos 3\theta - \cdots + (-1)^{n-1}\cos n\theta = \dfrac{1}{2} - (-1)^n \dfrac{\cos(n+\frac{1}{2})\theta}{2\cos\frac{\theta}{2}}$
を示せ.

(2) (1) の両辺を区間 $\left[0, \dfrac{\pi}{2}\right]$ 上で積分することによって,
$$1 - \frac{1}{3} + \frac{1}{5} - \cdots = \frac{\pi}{4}$$
を示せ.

第6章

曲 線 の 解 析

6.1 曲線のパラメーター表示

関数 $y = f(x)$ が与えられたとき，座標平面上で点 $(x, f(x))$ の軌跡は**曲線**を描く．このとき，関数と曲線とはしばしば同一視される．

変数 x, y が一つの変数 t を用いて

$$\begin{cases} x = \varphi(t) & \cdots\cdots ① \\ y = \psi(t) & \cdots\cdots ② \end{cases}$$

と表されるとき，t を**パラメーター**（**媒介変数**）とする**パラメーター表示**という．

① が逆関数をもち $t = \varphi^{-1}(x)$ と表されるならば，それを ② に代入すると，y は x の関数

$$y = \psi(\varphi^{-1}(x)) = \psi \circ \varphi^{-1}(x) = f(x)$$

で表される．

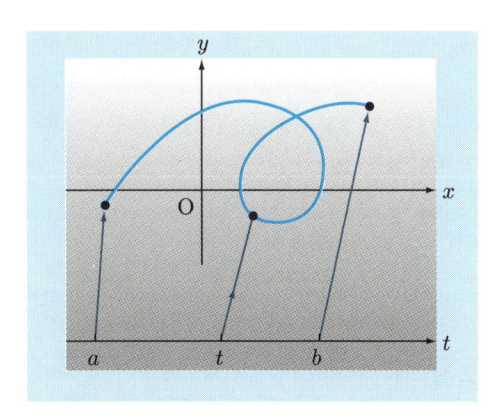

図 6.1

例題 6.1 — だ円のパラメーター表示

原点を中心とし半径 a, b $(a > b)$ の2つの円 C_1, C_2 を考える．x 軸からの角が θ である半直線が2円と交わる点を A_1, A_2 とする．点 A_1 から x 軸に垂線 A_1B を下ろし，点 A_2 から線分 A_1B に垂線 A_2P を下ろす．

(1) 点 P の座標 (x, y) を θ を用いて表せ．
(2) θ を消去して，x, y の関係式を求めよ．
(3) 点 P が描くグラフをかけ．

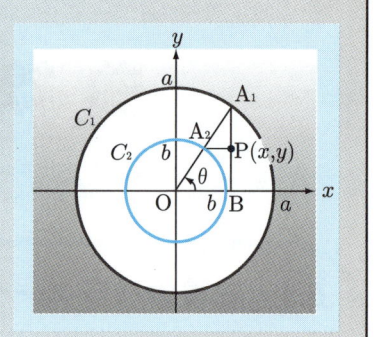

図 6.2

解答

(1) $x = a\cos\theta, \; y = b\sin\theta$

(2) $\cos^2\theta + \sin^2\theta = 1$ だから，$\left(\dfrac{x}{a}\right)^2 + \left(\dfrac{y}{b}\right)^2 = 1$

(3) だ円

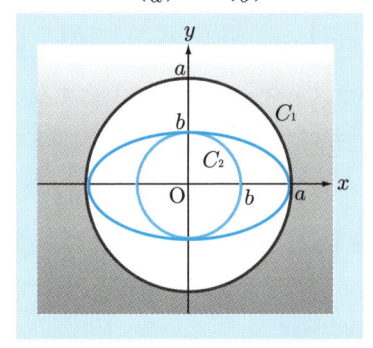

図 6.3

問題

6.1 次のパラメーターで表される曲線を図示せよ．

(1) $x = 2t + 1, y = 3t + 1$ (2) $x = 2p, y = p^3 - 1$
(3) $x = \cos 2\theta, y = \sin 2\theta$ (4) $x = \cos 2\theta, y = \cos\theta$

6.2 パラメーター θ で表される曲線
$$x = \cos\theta + \cos 2\theta + \cdots + \cos n\theta$$
$$y = \sin\theta + \sin 2\theta + \cdots + \sin n\theta$$
を $n = 1, 2, 3, \ldots$ について図示してみよう．

6.2 パラメーターで表された関数の微分と積分

曲線が，パラメーター t を用いて

$$\begin{cases} x = \varphi(t) & \cdots\cdots ① \\ y = \psi(t) & \cdots\cdots ② \end{cases}$$

と表されている．① において，逆関数を用いて

$$t = \varphi^{-1}(x)$$

と表すとき，y は x の関数

$$y = \psi(\varphi^{-1}(x)) = \psi \circ \varphi^{-1}(x) = f(x)$$

になる．このとき，合成関数の微分法から

$$\frac{dy}{dx} = \psi'(\varphi^{-1}(x))(\varphi^{-1}(x))' = \psi'(t)(\varphi^{-1}(x))'$$

さらに，逆関数の微分法によって，

$$(\varphi^{-1}(x))' = \frac{1}{\varphi'(t)}$$

だから

$$\frac{dy}{dx} = \frac{\psi'(t)}{\varphi'(t)} = \frac{\dfrac{dy}{dt}}{\dfrac{dx}{dt}}$$

変数 t が区間 $t_1 \leqq t \leqq t_2$ 上を動き，$\varphi(t_1) = a, \varphi(t_2) = b$ とすると，変数変換 $x = \varphi(t)$ によって，

$$\int_a^b f(x)\,dx = \int_{t_1}^{t_2} \psi(t)\varphi'(t)\,dt$$

例題 6.2 — だ円の接線と面積

パラメーター θ によって，だ円上の点 P は $(a\cos\theta, b\sin\theta)$ と表される．
(1) 点 P での接線の傾きを求めよ．　　(2) だ円の面積を求めよ．

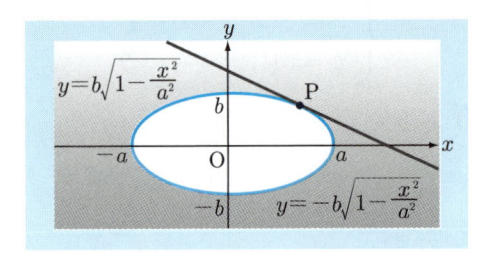

図 6.4

解答 (1) $x = a\cos\theta$ とおくと，$\dfrac{dx}{d\theta} = a(-\sin\theta)$ である．さらに，$y = b\sin\theta$ とおくと，$\dfrac{dy}{d\theta} = b\cos\theta$ である．したがって，点 P における接線の傾きは

$$\frac{dy}{dx} = \frac{\frac{dy}{d\theta}}{\frac{dx}{d\theta}} = \frac{b\cos\theta}{a(-\sin\theta)} = -\frac{b\cos\theta}{a\sin\theta} = -\frac{b}{a\tan\theta}$$

(2) だ円の式から，$y = \pm b\sqrt{1 - \dfrac{x^2}{a^2}}$ だから，だ円の面積を S とすると，

$$S = 2\int_{-a}^{a} b\sqrt{1 - \frac{x^2}{a^2}}\, dx$$

ここで，$x = a\cos\theta$ と変数を変換すると，

$$S = 2\int_{\pi}^{0} b\sin\theta(-a\sin\theta)d\theta = 2ab\int_{0}^{\pi} \sin^2\theta\, d\theta$$
$$= 2ab\int_{0}^{\pi} \frac{1 - \cos 2\theta}{2}\, d\theta = ab\left[\theta - \frac{\sin 2\theta}{2}\right]_{0}^{\pi} = ab\pi$$

問題

6.3 パラメーター t で表された曲線 $x = t + 1, y = -2t^2 + 1$ について
(1) $t = 1$ に対応する点における接線の方程式を求めよ．
(2) 曲線と x 軸で囲まれる部分の面積を求めよ．

6.2 パラメーターで表された関数の微分と積分

例題 6.3 ─────────────────────── サイクロイド ─

円が x 軸に沿ってすべることなく転がるとき,円上に固定された点 P の軌跡は**サイクロイド**と呼ばれる.
(1) 点 P が原点から出発して円が角 θ だけ回転したとき,点 P の座標 (x,y) を θ で表せ.
(2) $0 \leqq \theta \leqq 2\pi$ に対応する部分と x 軸で囲まれる部分の面積を求めよ.

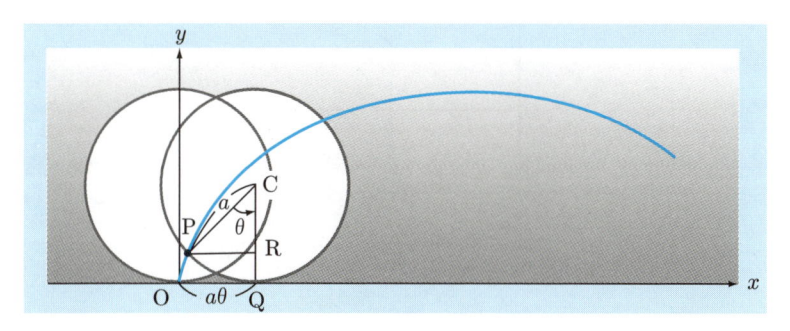

図 6.5

解答 (1) 円の半径を a,x 軸と点 Q で接しているとしよう.円の中心を C とすると $\angle \text{PCQ} = \theta$ である.線分 OQ の長さは円弧 PQ の長さ $a\theta$ に一致する.P から CQ に下ろした垂線 PR の長さは $a\sin\theta$ であるから,P の x 座標は

$$x = \text{OQ} - \text{PR} = a\theta - a\sin\theta = a(\theta - \sin\theta)$$

さらに,P の y 座標は

$$y = \text{CQ} - \text{CR} = a - a\cos\theta = a(1 - \cos\theta)$$

(2) 求める面積は,$\dfrac{dx}{d\theta} = a(1 - \cos\theta)$ に注意して

$$\begin{aligned}
S &= \int_0^{2\pi} a(1-\cos\theta)a(1-\cos\theta)d\theta = \int_0^{2\pi} a^2(1-\cos\theta)^2 d\theta \\
&= a^2 \int_0^{2\pi} (1 - 2\cos\theta + \cos^2\theta)d\theta = a^2 \int_0^{2\pi} \left(1 - 2\cos\theta + \frac{1+\cos 2\theta}{2}\right) d\theta \\
&= a^2 \left[\frac{3}{2}\theta - 2\sin\theta + \frac{\sin 2\theta}{4}\right]_0^{2\pi} = 3a^2\pi
\end{aligned}$$

問題

6.4 (1) パラメーター θ で表された曲線

$$x = \cos\theta + 1, \quad y = 2\sin\theta$$

が囲む部分の面積を求めよ．

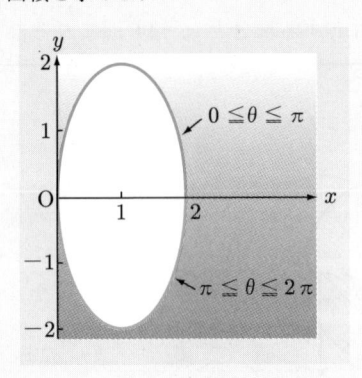

図 6.6

(2) パラメーター θ で表された曲線（**アステロイド**）

$$x = a\cos^3\theta, \quad y = a\sin^3\theta$$

が囲む部分の面積を求めよ．ここに，$a > 0$．

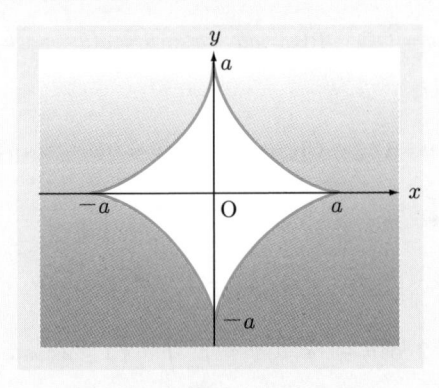

図 6.7

6.3 極座標と極方程式

座標平面上の点 P (x, y) に対して,

$$\begin{cases} r = \mathrm{OP} = \sqrt{x^2 + y^2} \\ \theta = \angle x\mathrm{OP} \end{cases}$$

で定まる数の組 (r, θ) を点 P の**極座標**という．このとき,

$$\begin{cases} x = r\cos\theta \\ y = r\sin\theta \end{cases} \iff \begin{cases} r = \sqrt{x^2 + y^2} \\ \tan\theta = \dfrac{y}{x} \end{cases}$$

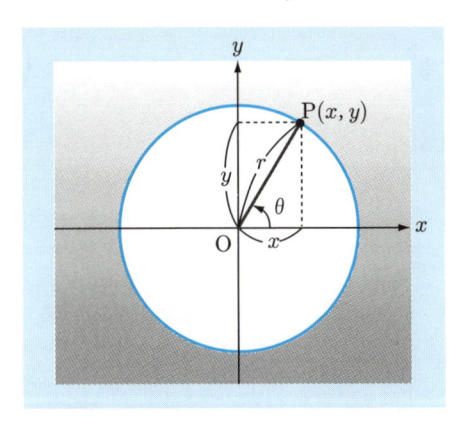

図 **6.8**

(r, θ) を極座標とするとき，r と θ の関係式

$$F(r, \theta) = 0$$

を**極方程式**という．

例題 6.4　　　　　　　　　　　　　　　　　　　極方程式

次の極方程式が表す曲線を図示せよ．

(1) $r = 2$　　　(2) $\theta = \dfrac{\pi}{4}$

(3) $r = \sin\theta$　　　(4) $r = \theta$

解答　(1) 原点からの距離が一定値 2 であるから，原点を中心とし半径 2 の円を表す．

(2) $\dfrac{y}{x} = \tan\theta = \tan\dfrac{\pi}{4} = 1$ だから，半直線 $y = x, x \geqq 0$ を表す．

(3) $r^2 = r\sin\theta$ だから，

$$x^2 + y^2 = y \iff x^2 + \left(y - \dfrac{1}{2}\right)^2 = \left(\dfrac{1}{2}\right)^2$$

点 $\left(0, \dfrac{1}{2}\right)$ を中心とし半径 $\dfrac{1}{2}$ の円を表す．

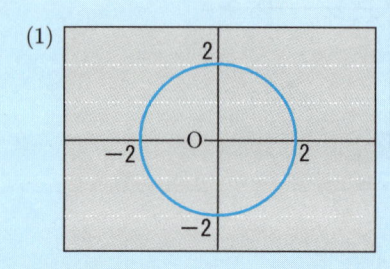

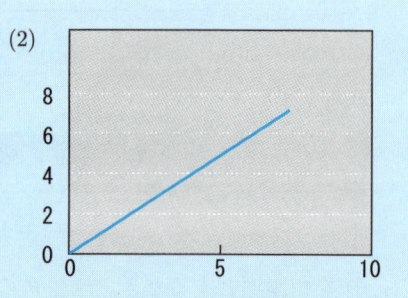

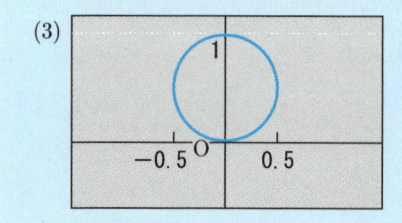

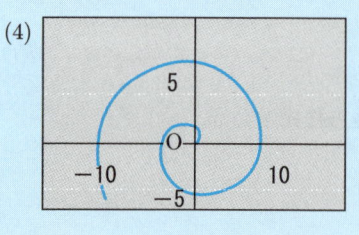

図 6.9

6.3 極座標と極方程式

(4)
$$x = r\cos\theta = \theta\cos\theta, \quad y = r\sin\theta = \theta\sin\theta$$
であるから，Excel によって，$\theta \geqq 0$ の範囲で点をたくさんとってグラフをかくと図 6.9(4) のようになる．

問題

6.5 次の極方程式で表される曲線を図示せよ．
(1) $r = \dfrac{1}{\cos\theta}$　　(2) $r^2 = \dfrac{1}{\sin 2\theta}$
(3) $r = 2\cos\theta$　　(4) $r = e^{-\theta}$

6.6 レコード盤の上を中心に向かって動いているアリがいる．アリと中心との距離 r は，t を変数として，$r = a - vt$ と表される．ここで，レコード盤を一定の速度で回転させると，アリの偏角 θ は，$\theta = \omega t$ となる．したがって，アリの位置は極座標 (r, θ) を用いて
$$r = a - vt, \quad \theta = \omega t$$
と与えられる．a, v, ω を適当に与えて，アリの軌跡を図示せよ．

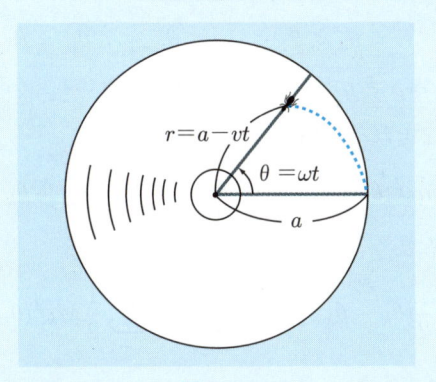

図 6.10

6.7 次の極方程式で表される曲線を図示せよ．
(1)　$r = \sin\theta$
(2)　$r = \sin\theta + \sin 2\theta$
(3)　$r = \sin\theta + \sin 2\theta + \sin 3\theta$
(4)　$r = \sin\theta + \sin 2\theta + \sin 3\theta + \sin 4\theta$

6.4 極方程式で表された図形の面積

極方程式 $r = \varphi(\theta)$ で表された曲線上の 2 点を A,B とするとき，動径 OA, OB と曲線で囲まれる部分の面積 S を考えよう．

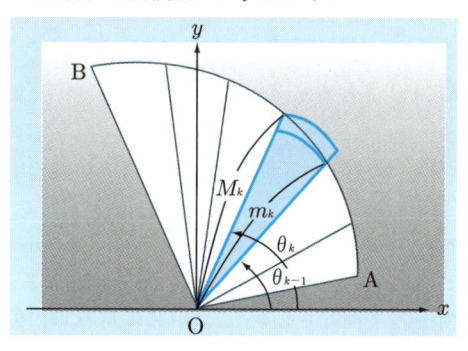

図 6.11

A $(\varphi(\alpha), \alpha)$, B $(\varphi(\beta), \beta)$ とし，区間 $\alpha \leqq \theta \leqq \beta$ を n 等分して

$$\alpha = \theta_0 < \theta_1 < \cdots < \theta_{n-1} < \theta_n = \beta$$

とする．区間 $\theta_{k-1} \leqq \theta \leqq \theta_k$ に対応する部分を S_k，この区間における $r = \varphi(\theta)$ の最大値，最小値をそれぞれ M_k, m_k とすると

$$\frac{1}{2}m_k{}^2(\theta_k - \theta_{k-1}) \leqq S_k \leqq \frac{1}{2}M_k{}^2(\theta_k - \theta_{k-1})$$

k について和をとると

$$\sum_{k=1}^{n} m_k{}^2 \frac{1}{2}(\theta_k - \theta_{k-1}) \leqq \sum_{k=1}^{n} S_k \leqq \sum_{k=1}^{n} \frac{1}{2}M_k{}^2(\theta_k - \theta_{k-1})$$

ここで，$n \to \infty$ とすると

$$S = \lim_{n \to \infty} \sum_{k=1}^{n} S_k = \int_{\alpha}^{\beta} \frac{1}{2}\varphi(\theta)^2 \, d\theta$$

すなわち，

$$S = \frac{1}{2}\int_{\alpha}^{\beta} \varphi(\theta)^2 \, d\theta = \frac{1}{2}\int_{\alpha}^{\beta} r^2 \, d\theta$$

6.4 極方程式で表された図形の面積

例題 6.5 ─────────────────────── カージオイド ───

(1) 極方程式 $r = a(1 + \cos\theta)$ が表す曲線を図示せよ（この曲線は**カージオイド**と呼ばれる）．
(2) カージオイドが囲む図形の面積を求めよ．

解答 (1) 右図

$$x = r\cos\theta = a(1+\cos\theta)\cos\theta,$$
$$y = r\sin\theta = a(1+\cos\theta)\sin\theta$$

であるから，Excel を用いて図を描くことができる．

(2) 求める面積は

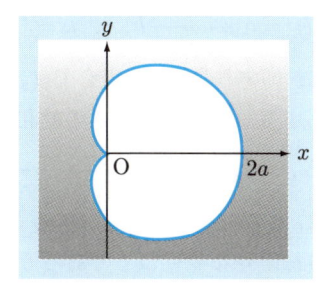

図 6.12

$$\begin{aligned}
S &= \frac{1}{2}\int_0^{2\pi} r^2\,d\theta = \frac{1}{2}\int_0^{2\pi} a^2(1+\cos\theta)^2\,d\theta \\
&= \frac{a^2}{2}\int_0^{2\pi}(1+2\cos\theta+\cos^2\theta)d\theta \\
&= \frac{a^2}{2}\int_0^{2\pi}\left(1+2\cos\theta+\frac{1+\cos 2\theta}{2}\right)d\theta \\
&= \frac{a^2}{2}\left[\theta+2\sin\theta+\frac{1}{2}\left(\theta+\frac{\sin 2\theta}{2}\right)\right]_0^{2\pi} \\
&= \frac{3\pi a^2}{2}
\end{aligned}$$

問題

6.8 (1) 円 $r = a\sin\theta$ $(0 \leqq \theta \leqq \pi)$ で囲まれる部分の面積を求めよ $(a > 0)$．
(2) らせん $r = e^\theta$，半直線 $\theta = 0, \theta = \pi/2$ で囲まれる部分の面積を求めよ．

6.5 曲線の長さ

曲線の媒介変数表示
$$x = \varphi(t), \quad y = \psi(t) \quad (a \leqq t \leqq b)$$
を考える．区間 $[a, b]$ を n 等分して，
$$t_k = a + \frac{b-a}{n}k, \quad k = 0, 1, ..., n$$
に対応する曲線上の点を $P_k(\varphi(t_k), \psi(t_k))$ とする．折れ線の長さの総和
$$L_n = P_0 P_1 + P_1 P_2 + \cdots + P_{n-1} P_n$$
は，$n \to \infty$ とすると，求める曲線の長さに限りなく近づくであろう．ここで，

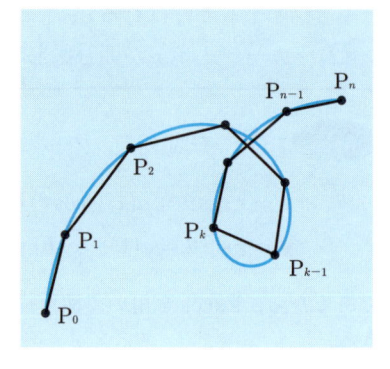

図 6.13

$$P_{k-1} P_k = \sqrt{|\varphi(t_k) - \varphi(t_{k-1})|^2 + |\psi(t_k) - \psi(t_{k-1})|^2}$$

平均値の定理を用いると，
$$\varphi(t_k) - \varphi(t_{k-1}) = \varphi'(\xi_k)(b-a)/n, \quad t_{k-1} < \xi_k < t_k$$
$$\psi(t_k) - \psi(t_{k-1}) = \psi'(\eta_k)(b-a)/n, \quad t_{k-1} < \eta_k < t_k$$
となる ξ_k と η_k が存在する．$t_{k-1} \leqq t \leqq t_k$ のとき $|\varphi'(t)|, |\psi'(t)|$ の最大値，最小値をそれぞれ M_k, N_k, m_k, n_k とすると
$$\sqrt{m_k{}^2 + n_k{}^2}\,\frac{b-a}{n} \leqq P_{k-1} P_k \leqq \sqrt{M_k{}^2 + N_k{}^2}\,\frac{b-a}{n}$$
そこで，リーマン和の極限値を考えると，曲線の長さは，
$$L = \lim_{n \to \infty} L_n = \int_a^b \sqrt{|\varphi'(t)|^2 + |\psi'(t)|^2}\, dt$$

曲線が $y = f(x)$ と表されているときは，媒介変数を $t = x$ と選ぶと，$x = \varphi(t) = t, y = f(x) = f(t)$．したがって，曲線の長さは
$$L = \int_a^b \sqrt{1 + |f'(x)|^2}\, dx$$
で与えられる．

6.5 曲線の長さ

例題 6.6 ─────────────────────────── 曲線の長さ

サイクロイド $x = a(\theta - \sin\theta)$, $y = a(1 - \cos\theta)$ $(0 \leqq \theta \leqq 2\pi)$ の長さを求めよ $(a > 0)$.

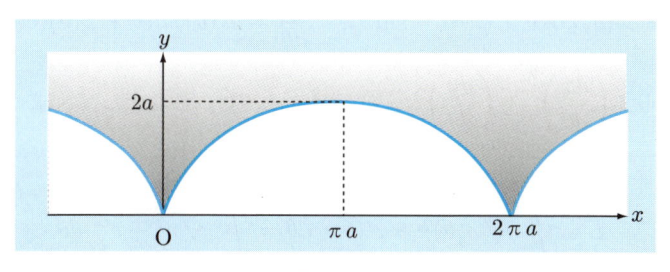

図 6.14

解答
$$\left(\frac{dx}{d\theta}\right)^2 + \left(\frac{dy}{d\theta}\right)^2 = a^2(1 - \cos\theta)^2 + a^2\sin^2\theta$$
$$= 2a^2(1 - \cos\theta) = 4a^2\sin^2\frac{\theta}{2}$$

したがって，曲線の長さは，

$$\int_0^{2\pi} 2a\sin\frac{\theta}{2}\,d\theta = 2a\left[-2\cos\frac{\theta}{2}\right]_0^{2\pi} = 8a$$

問題

6.9 (1) 曲線 $y = x\sqrt{x}$ の $0 < x < 1$ に対応する部分の長さを求めよ．

(2) アステロイド $x = a\cos^3\theta$, $y = a\sin^3\theta$ $(0 \leqq \theta \leqq 2\pi)$ の長さを求めよ．

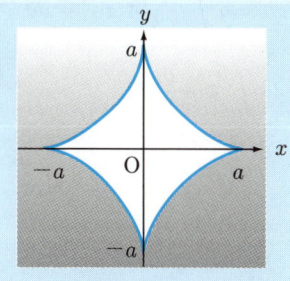

図 6.15

曲線の長さ　極方程式 $r = \varphi(\theta)$ $(\alpha \leqq \theta \leqq \beta)$ で表される曲線の長さを求めよう．このとき，
$$x = r\cos\theta = \varphi(\theta)\cos\theta, \qquad y = r\sin\theta = \varphi(\theta)\sin\theta$$
ここで，
$$\frac{dx}{d\theta} = \varphi'(\theta)\cos\theta + \varphi(\theta)(-\sin\theta), \quad \frac{dy}{d\theta} = \varphi'(\theta)\sin\theta + \varphi(\theta)(\cos\theta)$$
であるから，$\left(\dfrac{dx}{d\theta}\right)^2 + \left(\dfrac{dy}{d\theta}\right)^2 = \varphi'(\theta)^2 + \varphi(\theta)^2$．したがって，求める曲線の長さは

$$L = \int_\alpha^\beta \sqrt{\varphi(\theta)^2 + \varphi'(\theta)^2}\, d\theta = \int_\alpha^\beta \sqrt{r^2 + r'^2}\, d\theta$$

例題 6.7 ───────────────── カージオイドの長さ ─

カージオイド $r = a(1+\cos\theta)$ の全長を求めよ $(a > 0)$．

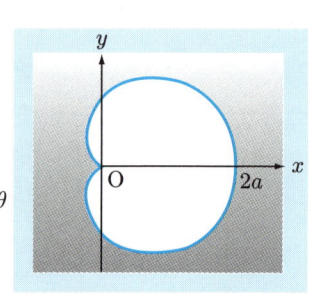

解答　カージオイドの全長は
$$\begin{aligned}
L &= \int_0^{2\pi} \sqrt{r^2 + r'^2}\, d\theta \\
&= \int_0^{2\pi} \sqrt{a^2(1+\cos\theta)^2 + a^2(-\sin\theta)^2}\, d\theta \\
&= a\int_0^{2\pi} \sqrt{2(1+\cos\theta)}\, d\theta = a\int_0^{2\pi} \sqrt{4\cos^2\frac{\theta}{2}}\, d\theta \\
&= a\int_0^{2\pi} \left|2\cos\frac{\theta}{2}\right|\, d\theta = 4a\int_0^\pi \cos\frac{\theta}{2}\, d\theta \\
&= 4a\left[2\sin\frac{\theta}{2}\right]_0^\pi = 8a
\end{aligned}$$

図 6.16

≈≈≈ **問　題** ≈≈≈≈≈≈≈≈≈≈≈≈≈≈≈≈≈≈≈≈≈≈≈≈≈≈

6.10　らせん $r = e^\theta$ $(0 \leqq \theta \leqq \pi/2)$ の長さを求めよ．

発展問題 6

1 円 C が他の円 C_0 の周に沿ってすべることなく転がるとき,円 C 上に固定された点 P の軌跡を考える.C の半径は 1,C_0 の半径は 2,円 C_0 の中心は原点で,点 P は,最初,点 $(0,2)$ にあるとしよう.円 C が時計回りに角 θ だけ回転して円 C_0 と点 Q で接しているとしよう.円 C の中心を C とすると $\angle PCQ = \theta$ である.

(1) 円 C が円 C_0 の外部にあるとき,点 P の座標 (x,y) を θ で表せ.

(2) 円 C が円 C_0 の内部にあるとき,点 P の座標 (x,y) を θ で表せ.

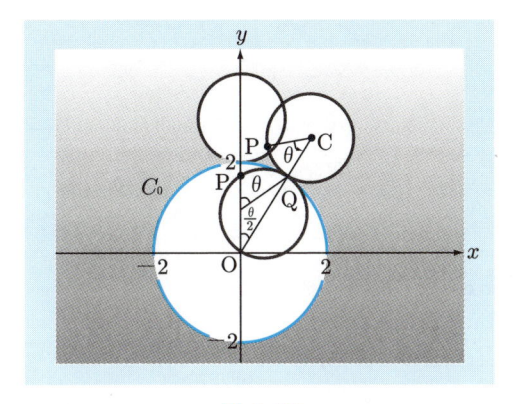

図 6.17

2 自転車のタイヤに固定された点は自転車が動くとサイクロイド曲線を描く.それでは,スポークに固定された反射板はどのような曲線を描くか調べてみよう.タイヤは x 軸に沿って動くとし,タイヤの半径を a,最初の反射板の座標を $(0, a-b)$ とする.

(1) タイヤが θ だけ回転したときの反射板の座標 (x, y) は

$$x = a\theta - b\sin\theta,$$
$$y = a - b\cos\theta$$

であることを示せ.

(2) グラフをかいて曲線が微分可能であることを確かめよう.

(3) $b > a$ のとき,(1) が表す曲線のグラフをかけ.

3 アステロイドは θ をパラメーターとして,次のように表される.

$$x = a\cos^3\theta, \qquad y = a\sin^3\theta$$

(1) パラメーター θ を消去して x と y の関係式を求めよ.
(2) アステロイドが囲む図形の面積を求めよ.
(3) アステロイドの長さを求めよ.

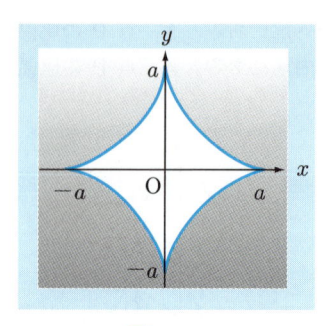

図 6.18

4 極方程式 $r = a\cos 2\theta$ で定まる曲線について
(1) 曲線を図示せよ.
(2) 曲線が囲む図形の面積を求めよ.
(3) 曲線の長さを定積分を用いて表せ.
(4) 2次近似式を用いて,曲線の長さの近似値を求めよ.

5 次の極方程式で表される曲線を図示しよう.
(1) $r = e^{\sin\theta} \quad (0 \leqq \theta \leqq 2\pi)$
(2) $r = e^{\sin\theta} - 2\cos 4\theta \quad (0 \leqq \theta \leqq 2\pi)$
(3) $r = e^{\sin\theta} - 2\cos 4\theta + \sin^5\left(\dfrac{\theta}{12}\right) \quad (0 \leqq \theta \leqq 24\pi)$

第7章

曲面と偏微分法

7.1 曲　面

空間上の点 P は 3 つの変数 x, y, z を用いて，$P(x, y, z)$ と表される．原点 O を中心として半径 a の球面上に点 P があるとき，
$$OP = \sqrt{x^2 + y^2 + z^2} = a$$
だから，
$$x^2 + y^2 + z^2 = a^2$$
よって，この式は，原点を中心として半径 a の球面を表す方程式である．

一般に，x, y, z に関する方程式
$$F(x, y, z) = 0$$
は**曲面の方程式**を表す．この式を z について解くことができるとき，曲面は
$$z = f(x, y)$$
と表すこともできる．

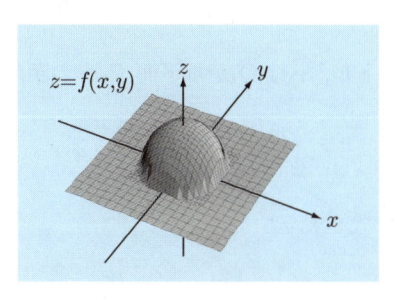

図 7.1

さて，空間において平面 Π を表す方程式を求めよう．原点 O から平面に垂線 OH を下ろす．このとき，平面上の任意の点 P に対して，OH と HP は直交するので，

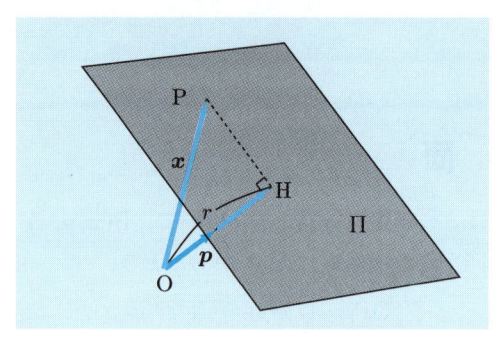

$$\vec{OH} \cdot \vec{HP} = 0$$

図 7.2

そこで，H(a, b, c), P(x, y, z) とすると，

$$a(x-a) + b(y-b) + c(z-c) = 0$$

$d = -(a^2 + b^2 + c^2)$ とおくと，**平面の方程式は**

$$ax + by + cz + d = 0 \quad (\text{平面の方程式 (I)})$$

$r = \text{OH}$, $\boldsymbol{p} = r^{-1}(a, b, c)$, $\boldsymbol{x} = (x, y, z)$ とおくと，$r^2 = a^2 + b^2 + c^2$ だから，

$$\boldsymbol{p} \cdot \boldsymbol{x} = r \quad (\text{平面の方程式 (II)})$$

ここに，$\boldsymbol{p}$ は単位ベクトル，r は O から平面 Π への距離である．

問題

7.1 次の図形を表す式を求めよ．
(1) xy 平面
(2) z 軸
(3) 中心 $(0, 0, 1)$, 半径 1 の球面
(4) xy 平面に平行な平面

7.1 曲 面

例題 7.1 ─────────────────────── 曲面の方程式

方程式 $z = x^2 + y^2$ で表される曲面 S を考える．
(1) 曲面 S と平面 $z = c$ の共通部分の図形は何か．
(2) 曲面 S と平面 $x = a$ の共通部分の図形は何か．

解答 (1) $z = x^2 + y^2$ と $z = c$ から
$$x^2 + y^2 = c$$
これは，平面 $z = c$ 上で，半径 $\sqrt{c}$ の円を表す（図 7.3）．この円の中心は点 $(0, 0, c)$ である．

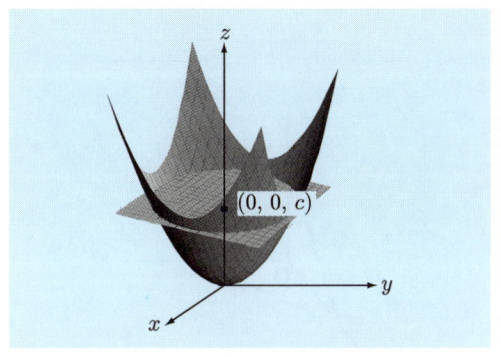

図 7.3

(2) $z = x^2 + y^2$ と $x = a$ から
$$z = a^2 + y^2$$
z が y の 2 次式で表されているので，平面 $x = a$ 上の放物線を表す（図 7.4）．

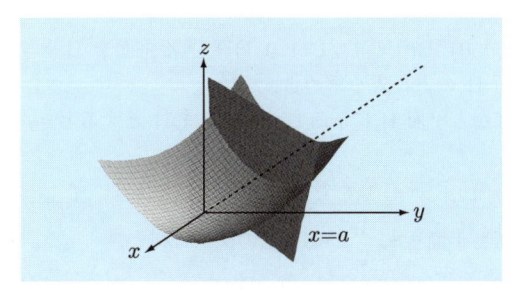

図 7.4

例題 7.2 ─ 平面の方程式

3点 $A(a,0,0)$, $B(0,b,0)$, $C(0,0,c)$ を通る平面の方程式を求めよ．

解答 求める平面の方程式を $px + qy + rz + s = 0$ とする．A, B, C を通るから

$$pa + s = 0, \qquad qb + s = 0, \qquad rc + s = 0$$

よって，

$$p = -\frac{s}{a}, \quad q = -\frac{s}{b}, \quad r = -\frac{s}{c}$$

これらを平面の方程式に代入すると

$$\frac{x}{a} + \frac{y}{b} + \frac{z}{c} = 1$$

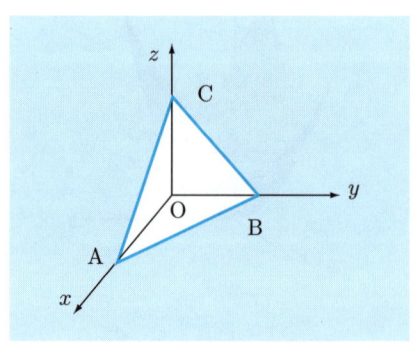

図 7.5

問題

7.2 3点 $A(1,1,0)$, $B(0,1,1)$, $C(1,0,1)$ を通る平面を Π とする．
  (1) 平面 Π の方程式を求めよ．
  (2) 原点から平面 Π に下ろした垂線を OH とするとき，点 H の座標を求めよ．

7.3 球面 $x^2 + y^2 + z^2 = 1$ を考える．
  (1) 球面と平面 $z = \dfrac{1}{2}$ の切り口の図形は何か．
  (2) 球面と平面 $x + y + z = 1$ の切り口の図形は何か．

7.2 偏微分

x と y の関数

$$z = f(x, y)$$

において，点 $P(x, y)$ が点 $A(a, b)$ に近づくとき，$f(x, y)$ が限りなくある値 k に近づくならば，

$$\lim_{(x,y) \to (a,b)} f(x, y) = k$$

と表し，値 k を点 A での**極限値**という．ここで，$k = f(a, b)$ であれば，関数 $z = f(x, y)$ は **点 A で連続**であるという．すなわち，関数 $z = f(x, y)$ が点 A で連続とは，

$$\lim_{(x,y) \to (a,b)} f(x, y) = f(a, b) \quad \text{(関数の連続性)}$$

また，関数 $z = f(x, y)$ は，平面内の領域 D のすべての点で連続であれば，**領域 D で連続**であるという．

 関数 $z = f(x, y)$ において，y を固定して x の関数とみて x で微分することを ***x* で偏微分する**という．x で偏微分したものを

$$\frac{\partial z}{\partial x}, \quad \frac{\partial f}{\partial x}, \quad z_x, \quad f_x$$

などで表す．同様に，x を固定して y の関数とみて y で微分することを ***y* で偏微分する**といい，y で偏微分したものを

$$\frac{\partial z}{\partial y}, \quad \frac{\partial f}{\partial y}, \quad z_y, \quad f_y$$

などで表す．

例題 7.3 偏微分

関数
$$z = x^2 + xy + y^2 + a$$
の偏微分を求めよ．ここに，a は定数とする．

解答　　x^2 を x で偏微分すると $2x$

xy を x で偏微分すると y

$y^2 + a$ を x で偏微分すると 0

であるから，
$$z_x = \frac{\partial z}{\partial x} = 2x + y + 0$$
$$= 2x + y$$

同様に，
$$z_y = \frac{\partial z}{\partial y} = 0 + x + 2y + 0$$
$$= x + 2y$$

問題

7.4　次の関数の偏微分を求めよ．

(1)　$z = x^2 + 2xy + 2y^2$　　(2)　$z = \dfrac{x}{x^2 + y^2}$

(3)　$z = \cos x \sin y$　　(4)　$z = e^{x+2y}$

7.5　(1)　$z_x = \dfrac{\partial f}{\partial x} = 0$ であれば，$z = f(x, y)$ は y のみの関数であることを示せ．

(2)　$z_x = z_y = 0$ であれば，$z = f(x, y)$ は定数関数であることを示せ．

7.3 接平面と法線

関数 $z = f(x,y)$ は点 (a,b) を含む領域で偏微分可能で偏微分 f_x, f_y は連続とする．平均値の定理より，

$$f(a+h, b+k) - f(a,b)$$
$$= \{f(a+h, b+k) - f(a, b+k)\} + \{f(a, b+k) - f(a,b)\}$$
$$= hf_x(a+\theta_1 h, b+k) + kf_y(a, b+\theta_2 k)$$

となる $\theta_1 (0 < \theta_1 < 1)$ と $\theta_2 (0 < \theta_2 < 1)$ が存在する．ここで，

$$\varepsilon_1 = f_x(a+\theta_1 h, b+k) - f_x(a,b), \quad \varepsilon_2 = f_y(a, b+\theta_2 k) - f_y(a,b)$$

とおくと，f_x, f_y は連続だから

$$\lim_{(h,k) \to (0,0)} \varepsilon_1 = 0 \quad かつ \quad \lim_{(h,k) \to (0,0)} \varepsilon_2 = 0$$

さらに，$\varepsilon = \dfrac{h\varepsilon_1 + k\varepsilon_2}{\sqrt{h^2+k^2}}$ とおくと，

$$f(a+h, b+k) - f(a,b) = hf_x(a,b) + kf_y(a,b) + \varepsilon\sqrt{h^2+k^2} \quad (*)$$

と表される．コーシー・シュワルツの不等式を用いると，$(h\varepsilon_1 + k\varepsilon_2)^2 \leqq (h^2+k^2)(\varepsilon_1{}^2 + \varepsilon_2{}^2)$ となるので，

$$\lim_{(h,k) \to (0,0)} \varepsilon = 0$$

このとき，関数 $z = f(x,y)$ は (a,b) で**全微分可能**であるという．

$(*)$ において，$A = f_x(a,b)$, $B = f_y(a,b)$, $c = f(a,b)$ とおくと

$$f(x,y) = A(x-a) + B(y-b) + c + \varepsilon\sqrt{(x-a)^2 + (y-b)^2}$$

と表すことができる．このとき，

$$\boxed{z = f_x(a,b)(x-a) + f_y(a,b)(y-b) + f(a,b) \quad （接平面の方程式）} \quad (**)$$

は，点 (a,b,c) を通る平面を表す．この式は曲面 $z=f(x,y)$ 上の点 $\mathrm{P}(a,b,c)$ における**接平面の方程式**であることを示そう．

曲面上の点 $\mathrm{Q}(x,y,z)$ から平面にいたる距離は，平面の方程式 (II) から，

$$\mathrm{QH}=\frac{|A(x-a)+B(y-b)+c-z|}{\sqrt{1+A^2+B^2}}=\frac{\sqrt{(x-a)^2+(y-b)^2}|\varepsilon|}{\sqrt{1+A^2+B^2}}$$

$\angle \mathrm{QPH}=\theta$ とすると，

$$\sin\theta=\frac{\sqrt{(x-a)^2+(y-b)^2}|\varepsilon|}{\sqrt{1+A^2+B^2}\sqrt{(x-a)^2+(y-b)^2+(z-c)^2}}$$

$$\leqq \frac{|\varepsilon|}{\sqrt{1+A^2+B^2}} \to 0 \quad ((x,y)\to(a,b))$$

したがって，$(**)$ は接平面の方程式を表すことがわかる．

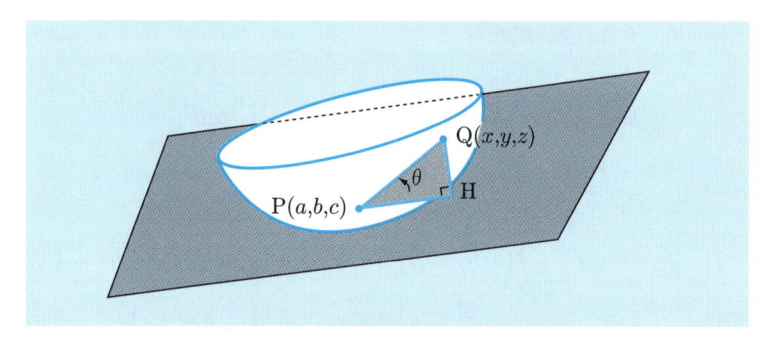

図 7.6

ベクトル $(A,B,-1)$ は接平面 $(**)$ に垂直である．そこで，点 P を通りこの平面に垂直な直線上の点 (x,y,z) は

$$(x,y,z)-(a,b,c)=t(A,B,-1)$$

と表される．この式を変形すると $\dfrac{x-a}{A}=\dfrac{y-b}{B}=\dfrac{z-c}{-1}=t$．この直線は曲面上の点 $\mathrm{P}(a,b,c)$，$c=f(a,b)$ における**法線**と呼ばれる：

$$\frac{x-a}{f_x(a,b)}=\frac{y-b}{f_y(a,b)}=\frac{z-c}{-1} \quad \text{(法線の方程式)}$$

7.3 接平面と法線

例題 7.4 ──────────────────────── 接平面と法線分 ──

曲面
$$z = x^2 + 2xy + 2y^2$$
において，$(x,y) = (1,1)$ に対応する点における接平面と法線の方程式を求めよ．

解答
$$f_x = 2x + 2y, \quad f_y = 2x + 4y$$
であるから，
$$A = f_x(1,1) = 4, \quad B = f_y(1,1) = 6, \quad c = f(1,1) = 5$$
であるから，接平面の方程式は
$$z = 4(x-1) + 6(y-1) + 5 = 4x + 6y - 5$$
また，法線の方程式は
$$\frac{x-1}{4} = \frac{y-1}{6} = \frac{z-5}{-1}$$

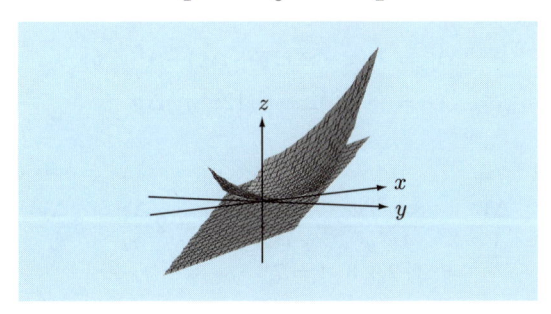

図 7.7

問題

7.6 次の関数によって定義される曲面の指定された点での接平面と法線の方程式を求めよ．

(1) $z = 2x^2 + y^2$, $\quad (x,y,z) = (1,1,3)$
(2) $x^2 + y^2 + z^2 = 6$, $\quad (x,y,z) = (1,2,1)$

1次近似式 $(*)$ において, h, k が十分小さいとき, 近似式

$$f(a+h, b+k) \fallingdotseq f(a,b) + f_x(a,b)h + f_y(a,b)k \quad (\text{1 次近似式})$$

が成り立つ.

例題 7.5 ─────────────────────────── 近似式 ─

ある立体の体積 V は 2 つの量 x と y を測定すると

$$V = 4x^2 y^3$$

で与えられている. このとき, x の測定の誤差は 2%, y の測定の誤差は 1% であるとき, V の誤差は何 % か.

解答

$$V_x = 8xy^3, \quad V_y = 12x^2 y^2$$

であるから, 1 次近似式によって

$$\begin{aligned} \Delta V &= V(x+\Delta x, y+\Delta y) - V(x,y) \\ &\fallingdotseq (8xy^3)\Delta x + (12x^2 y^2)\Delta y \end{aligned}$$

したがって,

$$\begin{aligned} \frac{\Delta V}{V} &\fallingdotseq \frac{8xy^3 \Delta x}{4x^2 y^3} + \frac{12x^2 y^2 \Delta y}{4x^2 y^3} = 2\frac{\Delta x}{x} + 3\frac{\Delta y}{y} \\ &= 2\cdot 2 + 3\cdot 1 = 7 \end{aligned}$$

よって, V の誤差は 7% である.

問題

7.7 関数

$$z = f(x,y) = e^{2x + \sin y}$$

に対して, 1 次近似式を利用して, $f(0.01, 0.01)$ の近似値を求めよ.

7.4 合成関数の偏微分法

関数 $z = f(x, y)$ において, $x = u(t)$, $y = v(t)$ を代入することによって, 合成関数

$$Z = Z(t) = f(u(t), v(t))$$

が作られる. ここで,

$$u(t + \Delta t) = u(t) + h = a + h, \quad v(t + \Delta t) = v(t) + k = b + k$$

とおくと

$$Z(t + \Delta t) - Z(t) = f_x(a, b)h + f_y(a, b)k + \varepsilon\sqrt{h^2 + k^2}$$

両辺を Δt で割ると

$$\frac{Z(t + \Delta t) - Z(t)}{\Delta t} = f_x(a, b)\frac{h}{\Delta t} + f_y(a, b)\frac{k}{\Delta t} + \varepsilon\frac{\sqrt{h^2 + k^2}}{\Delta t}$$

ここで,

$$u'(t) = \lim_{\Delta t \to 0} \frac{u(t + \Delta t) - u(t)}{\Delta t} = \lim_{\Delta t \to 0} \frac{h}{\Delta t}$$

$$v'(t) = \lim_{\Delta t \to 0} \frac{v(t + \Delta t) - v(t)}{\Delta t} = \lim_{\Delta t \to 0} \frac{k}{\Delta t}$$

$$\lim_{\Delta t \to 0} \varepsilon = 0 \quad \text{(全微分可能性)}$$

$$\lim_{\Delta t \to 0} \left|\frac{\sqrt{h^2 + k^2}}{\Delta t}\right| = \sqrt{|u'(t)|^2 + |v'(t)|^2}$$

に注意すると,

$$Z'(t) = f_x(a, b)u'(t) + f_y(a, b)v'(t)$$

この式は次のように表すこともできる:

$$\frac{dZ}{dt} = \frac{\partial z}{\partial x}\frac{dx}{dt} + \frac{\partial z}{\partial y}\frac{dy}{dt}$$

例題 7.6 ――合成関数の偏微分

次の合成関数に対して,$Z'(t)$ を z_x, z_y を用いて表せ.
(1) $z = f(x,y), x = 2t+1, y = 3t-1$
(2) $z = f(x,y), x = r\cos t, y = r\sin t$

解答 (1) $Z(t) = f(2t+1, 3t-1)$ について $Z'(t) = z_x \dfrac{dx}{dt} + z_y \dfrac{dy}{dt} = 2z_x + 3z_y$

(2) $Z(t) = f(r\cos t, r\sin t)$ について

$$Z'(t) = z_x \frac{dx}{dt} + z_y \frac{dy}{dt} = z_x(-r\sin t) + z_y r\cos t$$

2変数の合成関数の偏微分法 関数 $z = f(x,y), x = u(s,t), y = v(s,t)$ の合成関数 $Z = Z(s,t) = f(u(s,t), v(s,t))$ を s, t で偏微分すると

$$Z_s = \frac{\partial Z}{\partial s} = \frac{\partial z}{\partial x}\frac{\partial x}{\partial s} + \frac{\partial z}{\partial y}\frac{\partial y}{\partial s}$$

$$Z_t = \frac{\partial Z}{\partial t} = \frac{\partial z}{\partial x}\frac{\partial x}{\partial t} + \frac{\partial z}{\partial y}\frac{\partial y}{\partial t}$$

問題

7.8 次の合成関数に対して,$Z'(t)$ を z_x, z_y を用いて表せ.
(1) $z = f(x,y), x = 2t+1, y = t^2 - 1$
(2) $z = f(x,y), x = e^t \cos t, y = e^t \sin t$

7.9 合成関数 $z = f(x,y), x = r\cos\theta, y = r\sin\theta$ について
(1) $Z_r = \partial Z/\partial r$ を求めよ. (2) $Z_\theta = \partial Z/\partial \theta$ を求めよ.
(3) z_x, z_y を Z_r, Z_θ で表せ.

2階偏微分 関数 $z = f(x,y)$ の偏微分 z_x, z_y をさらに偏微分すると

$$(z_x)_x = z_{xx}, \quad (z_x)_y = z_{xy} \quad (z_y)_x = z_{yx}, \quad (z_y)_y = z_{yy}$$

が作られる.これらを**2階偏微分**という.これらがすべて連続であれば,$z_{xy} = z_{yx}$ となることが示される.すなわち,偏導関数は偏微分の順序に関係しないことが示される.(発展問題 7.2)

7.4 合成関数の偏微分法

例題 7.7 ──────────────────────────── 合成関数の偏微分 ─

関数
$$Z(t) = f(a+th, b+tk)$$
に対して，$Z'(t), Z''(t)$ を求めよ．

解答 $x(t) = a+th, y(t) = b+tk$ とおくと，
$$x'(t) = h, \qquad y'(t) = k$$
したがって，合成関数の偏微分法から
$$\begin{aligned} Z'(t) &= f_x(x(t),y(t))x'(t) + f_y(x(t),y(t))y'(t) \\ &= f_x(x(t),y(t))h + f_y(x(t),y(t))k \end{aligned}$$
この式は，次のように表すこともできる．
$$\frac{d}{dt}Z = \left[\left(h\frac{\partial}{\partial x} + k\frac{\partial}{\partial y}\right)f\right](x(t),y(t))$$
さらに，関数 $f_x(x(t),y(t))$ を t で微分するとき，f を f_x で置き換えると
$$\begin{aligned} \frac{d}{dt}f_x(x(t),y(t)) &= (f_x)_x(x(t),y(t))x'(t) + (f_x)_y(x(t),y(t))y'(t) \\ &= f_{xx}(x(t),y(t))h + f_{xy}(x(t),y(t))k \end{aligned}$$
同様にして，
$$\begin{aligned} \frac{d}{dt}f_y(x(t),y(t)) &= (f_y)_x(x(t),y(t))x'(t) + (f_y)_y(x(t),y(t))y'(t) \\ &= f_{yx}(x(t),y(t))h + f_{yy}(x(t),y(t))k \end{aligned}$$
したがって，
$$\begin{aligned} Z''(t) &= \{f_{xx}(x(t),y(t))h + f_{xy}(x(t),y(t))k\}h \\ &\quad + \{f_{yx}(x(t),y(t))h + f_{yy}(x(t),y(t))k\}k \\ &= f_{xx}(x(t),y(t))h^2 + \{f_{xy}(x(t),y(t)) + f_{yx}(x(t),y(t))\}hk + f_{yy}(x(t),y(t))k^2 \end{aligned}$$
通常，$f_{xy} = f_{yx}$ が成り立つので，
$$Z''(t) = f_{xx}(x(t),y(t))h^2 + 2f_{xy}(x(t),y(t))hk + f_{yy}(x(t),y(t))k^2$$
すなわち，
$$\left(\frac{d}{dt}\right)^2 Z = \left[\left(h\frac{\partial}{\partial x} + k\frac{\partial}{\partial y}\right)^2 f\right](x(t),y(t))$$

参考 関数 $z = f(x, y)$ の 2 階の偏微分がすべて 0 ならば,

$$z = px + qy + r, \quad p = z_x(0,0), \quad q = z_y(0,0), \quad r = z(0,0)$$

であることが示される（発展問題 **7, 6**）．

高階偏微分　関数 $z = f(x, y)$ に偏微分を繰り返して行うと高階偏微分が定義できる．m 階偏微分は，通常，

$$\left(\frac{\partial}{\partial x}\right)^p \left(\frac{\partial}{\partial y}\right)^q z = \frac{\partial^{p+q} z}{\partial x^p \partial y^q} = z \underbrace{\scriptstyle x \cdots x}_{p} \underbrace{\scriptstyle y \cdots y}_{q}$$

と表される．ここに，$m = p + q$ である．

問題

7.10 関数
$$z = x^2 + 3xy + y^3$$
について，
(1) 2 階までの偏微分を求めよ．
(2) $z_{xy} = z_{yx}$ を確かめよ．

7.11 関数
$$z = \log(x^2 + y^2)$$
について，$\Delta z = z_{xx} + z_{yy}$ を計算せよ．

7.12 関数
$$z = f(x+y) + g(x-y)$$
について，$z_{xx} = z_{yy}$ を示せ．

7.5 極大値と極小値

関数 $z = f(x,y)$ において,点 (x,y) が点 (a,b) の近くで,
$$f(x,y) < f(a,b)$$
のとき,関数 $z = f(x,y)$ は (a,b) で**極大**であるといい,$f(a,b)$ を**極大値**という.同様に,点 (x,y) が点 (a,b) の近くで,
$$f(x,y) > f(a,b)$$
のとき,関数 $z = f(x,y)$ は (a,b) で**極小**であるといい,$f(a,b)$ を**極小値**という.

関数 $z = f(x,y)$ が点 (a,b) で極大または極小であるとき,$z = f(x,y)$ は (a,b) で**極値**をもつという.

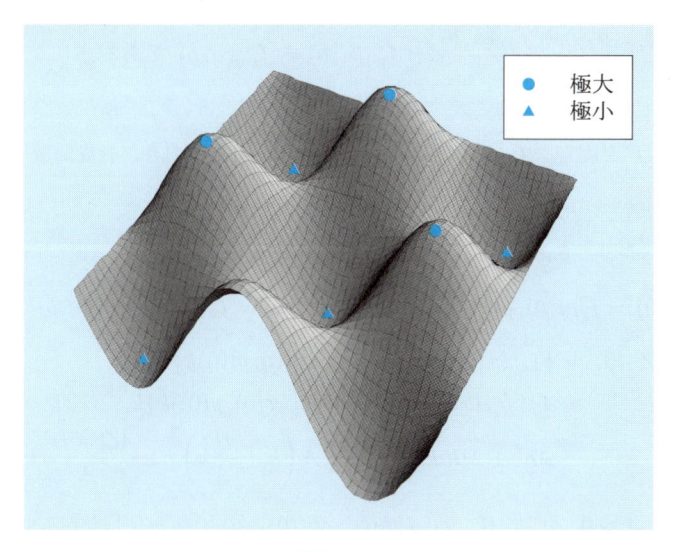

図 7.8

> **定理 7.1** 偏微分可能な関数 $z = f(x, y)$ が点 (a, b) で極値をもつならば，
> $$f_x(a, b) = 0, \qquad f_y(a, b) = 0$$

証明 $z = f(x, b)$ は x の関数として，a で極値をもつので，その微分は $x = a$ で 0 となる．よって，$f_x(a, b) = 0$．同様に，$f_y(a, b) = 0$ が示される．

> **定理 7.2 (極小値をもつための条件)** 関数 $z = f(x, y)$ が連続な 2 階偏微分をもつとき，
> (1)　$f_x(a, b) = f_y(a, b) = 0$
> (2)　$A = f_{xx}(a, b) > 0$
> (3)　$\Delta(a, b) = AC - B^2 > 0$
> ならば，点 (a, b) で極小値をもつ．ここに，$A = f_{xx}(a, b), C = f_{yy}(a, b)$,
> $B = \dfrac{f_{xy}(a, b) + f_{yx}(a, b)}{2} = f_{xy}(a, b) = f_{yx}(a, b)$ である．

証明 h, k を固定して $x(t) = a + th, y(t) = b + tk$ とおき，合成関数
$$Z(t) = f(x(t), y(t))$$
を考える．このとき，例題 7.7 によって

$$Z'(0) = f_x(x(0), y(0))h + f_y(x(0), y(0))k = f_x(a, b)h + f_y(a, b)k = 0$$

$$\begin{aligned} Z''(0) &= \{f_{xy}(x(0), y(0))h + f_{yx}(x(0), y(0))k\}h \\ &\quad + \{f_{yx}(x(0), y(0))h + f_{yy}(x(0), y(0))k\}k \\ &= Ah^2 + 2Bhk + Ck^2 = A\left(h + \frac{B}{A}k\right)^2 + \frac{AC - B^2}{A}k^2 \end{aligned}$$

仮定より，$A > 0, AC - B^2 > 0$ だから，$Z''(0) > 0$ である．したがって，$Z(t)$ は $t = 0$ で極小値をとる．すなわち，h, k が十分小ならば，
$$f(a + h, b + k) \geqq f(a, b)$$
となるので，$f(a, b)$ は極小値である．

7.5 極大値と極小値

定理 7.2′ (極大値をもつための条件) 関数 $z = f(x, y)$ が連続な 2 階偏微分をもつとき,
 (1)　$f_x(a, b) = f_y(a, b) = 0$
 (2)　$A = f_{xx}(a, b) < 0$
 (3)　$\Delta(a, b) = AC - B^2 > 0$
ならば, 点 (a, b) で極大値をもつ.

例題 7.8 ― 極値

関数
$$z = x^2 + xy + 2y^2 - 4x - 9y + 1$$
の極値を求めよ.

解答　　$z_x = 2x + y - 4 = 0, \quad z_y = x + 4y - 9 = 0$

を解くと
$$(x, y) = (1, 2)$$

また, 2 階導関数は,
$$A = z_{xx} = 2, \quad B = z_{xy} = z_{yx} = 1, \quad C = z_{yy} = 4$$

$(x, y) = (1, 2)$ のとき, $A > 0$ で
$$\Delta(1, 2) = AC - B^2 = 8 - 1 = 7 > 0$$

よって, 関数は点 $(1, 2)$ で極小値をとり, 極小値は $z(1, 2) = -10$ である.

問題

7.13　次の関数の極値を求めよ.
 (1)　$z = x^2 + y^2$
 (2)　$z = x^2 - xy + y^2 - 3y + 1$
 (3)　$z = x^3 + y^3$
 (4)　$z = xy + (x + y)(1 - x - y) \quad (0 < x, \ y < 1)$

例題 7.9 ——————————— 最大最小問題

辺の長さの和が一定の直方体の中で，その体積の最大値を求めよ．

解答 直方体の縦，横，高さを x, y, z とすると

$$x + y + z = a \quad (一定)$$

直方体の体積を V とすると，

$$V = xyz = xy(a - x - y)$$

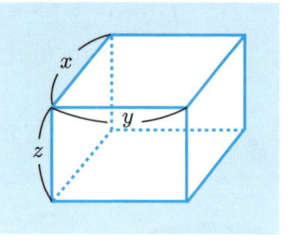

このとき，

$$V_x = y(a - x - y) - xy,$$
$$V_y = x(a - x - y) - xy$$

$V_x = V_y = 0$ を解くと

$$x = y = \frac{a}{3}$$

また，2階導関数は，

$$V_{xx} = -2y, \quad V_{xy} = V_{yx} = a - 2x - 2y, \quad V_{yy} = -2x$$

であるから，

$$A = V_{xx}\left(\frac{a}{3}, \frac{a}{3}\right) = -\frac{2a}{3}, \quad B = V_{xy}\left(\frac{a}{3}, \frac{a}{3}\right) = -\frac{a}{3}, \quad C = V_{yy}\left(\frac{a}{3}, \frac{a}{3}\right) = -\frac{2a}{3}$$

よって，$A < 0$ で

$$\Delta\left(\frac{a}{3}, \frac{a}{3}\right) = AC - B^2 = \frac{4a^2}{9} - \frac{a^2}{9} = \frac{3a^2}{9} > 0$$

したがって，関数は点 $\left(\frac{a}{3}, \frac{a}{3}\right)$ で極大値 $V\left(\frac{a}{3}, \frac{a}{3}\right) = \frac{a^3}{27}$ をとる．この極大値は求める最大値に一致する．よって，立方体のとき，求める体積は最大である．

問題

7.14 辺の長さの和が一定の直方体の中で，対角線の長さの最小値を求めよ．

7.15 長さが一定である針金で三角形を作るとき，面積が最大である三角形は何か．

発展問題 7

1 関数
$$f(x,y) = \frac{x^2 - y^2}{x^2 + y^2}$$
が原点で極限値をもつかどうか調べよう. そこで,
$$\lim_{(x,y)\to(0,0)} \frac{x^2 - y^2}{x^2 + y^2} = A$$
と仮定しよう.

(1) (x,y) が x 軸の上から原点に近づくときの極限値
$$\lim_{x\to 0} f(x,0) = A_1$$
を求めよ.

(2) (x,y) が y 軸の上から原点に近づくときの極限値
$$\lim_{y\to 0} f(0,y) = A_2$$
を求めよ.

(3) 極限値 A が存在すると仮定したので, $A = A_1 = A_2$ が成立する. これから, 矛盾を導くことによって, 最初の極限値が存在しないことを示そう.

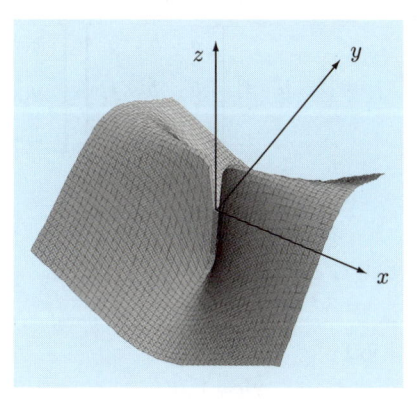

図 7.10

2 関数 $z = f(x,y)$ が与えられている.

(1) $\varphi(x) = f(x, y+k) - f(x,y)$ に対して, 平均値の定理から
$$\varphi(x+h) - \varphi(x) = h\varphi'(x + \theta_1 h)$$

となる θ_1 $(0 < \theta_1 < 1)$ が存在する．この式を $f(x,y)$ の偏微分を利用して表せ．
(2) $\psi(y) = f(x+h, y) - f(x, y)$ に対して，平均値の定理から

$$\psi(y+k) - \psi(y) = k\varphi'(y + \theta_2 k)$$

となる θ_2 $(0 < \theta_2 < 1)$ が存在する．この式を $f(x,y)$ の偏微分を利用して表せ．
(3) $\varphi(x+h) - \varphi(x) = \psi(y+k) - \psi(y)$ を示し，この等式から次式を導け．

$$h\{f_x(x+\theta_1 h, y+k) - f_x(x+\theta_1 h, y)\}$$
$$= k\{f_y(x+h, y+\theta_2 k) - f_y(x, y+\theta_2 k)\}$$

(4) $f_{xy}(x,y) = f_{yx}(x,y)$ を示せ．

3 次の関数は $z_t = \dfrac{1}{2} z_{xx}$ を満たすことを示せ．

$$z = \frac{1}{\sqrt{2\pi t}} e^{-\frac{x^2}{2t}}$$

4 $z_{xx} = z_{xy} = z_{yx} = z_{yy} = 0$ であれば，z は一次式 $z = ax + by + c$ であることを示せ．

5 関数

$$z = ax^2 + 2hxy + by^2 + 2gx + 2fy + c$$
$$= [x \ y \ 1] \begin{bmatrix} a & h & g \\ h & b & f \\ g & f & c \end{bmatrix} \begin{bmatrix} x \\ y \\ 1 \end{bmatrix}$$

は $a > 0$, $ab - h^2 > 0$ のとき最小値 $\dfrac{1}{ab-h^2} \begin{vmatrix} a & h & g \\ h & b & f \\ g & f & c \end{vmatrix}$ をとることを示せ．

6 次の関数の極値を求めよ．
(1) $z = x^2 - xy + 2y^2 - x - 3y + 1$
(2) $z = x^3 - 3xy + y^3$
(3) $z = (x^2 + 2y^2)e^{-x^2-y^2}$
(4) $z = \sin x + \sin y + \sin(x+y)$ $\left(0 < x, y < \dfrac{\pi}{2}\right)$

第8章

立体の体積と重積分

8.1 立体の体積

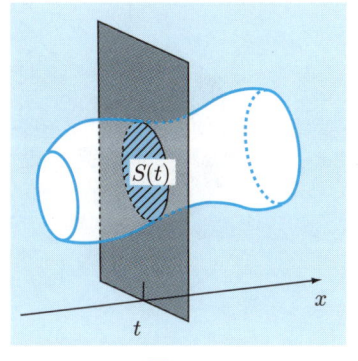

空間内の立体に対して，x 軸に垂直な平面 $x = t$ での切り口の面積が $S(t)$ であるとしよう．このとき，$a \leqq t \leqq b$ に対応する立体の体積 V は

$$V = \int_a^b S(t)\, dt \quad \text{(立体の体積)}$$

で与えられることを示そう．

区間 $[a, b]$ を n 等分して，

$$a = t_0 < t_1 < t_2 < \cdots < t_{n-1} < t_n = b$$

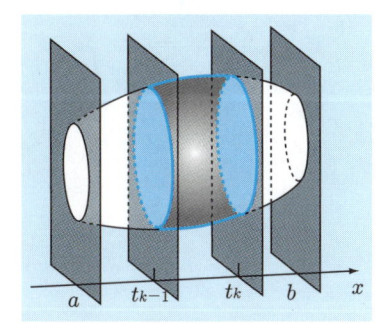

としよう．区間 $[t_{k-1}, t_k]$ における $S(t)$ の最大値，最小値を M_k, m_k とする．区間 $t_{k-1} \leqq t \leqq t_k$ に対応する立体の部分の体積 V_k は

$$m_k(t_k - t_{k-1}) \leqq V_k \leqq M_k(t_k - t_{k-1})$$

を満たす．したがって，

$$\sum_{k=1}^n m_k(t_k - t_{k-1}) \leqq \sum_{k=1}^n V_k \leqq \sum_{k=1}^n M_k(t_k - t_{k-1})$$

ここで，分割を限りなく小さくすると

$$V = \lim_{n \to \infty} \sum_{k=1}^n V_k = \int_a^b S(t)\, dt \qquad (*)$$

図 8.1

図 8.2

例題 8.1　　　　　　　　　　　　　　　　　　　　　球の体積

球 $x^2+y^2+z^2 \leqq a^2$ の体積を求めよ.

解答　$x^2+y^2+z^2 \leqq a^2$ のとき, $-a \leqq x \leqq a$ である. また, 平面 $x=t$ との切り口は, 半径 $\sqrt{a^2-t^2}$ の円であるから

$$S(t) = \pi(a^2 - t^2)$$

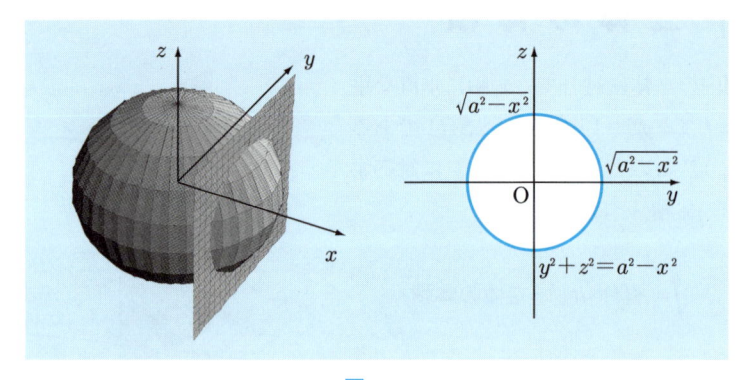

図 8.3

したがって, 球の体積 V は

$$V = \int_{-a}^{a} \pi(a^2 - t^2)\, dt = \pi \left[a^2 t - \frac{t^3}{3}\right]_{-a}^{a}$$
$$= \pi \left(a^2 \cdot 2a - \frac{2a^3}{3}\right) = \frac{4}{3}\pi a^3$$

問　題

8.1　原点 O, A$(a,0,0)$, B$(0,b,0)$, C$(0,0,c)$ を頂点とする三角錐の体積を求めよ.

8.1 立体の体積

xy 平面内の曲線 $y = f(x)$ $(a \leqq x \leqq b)$ を x 軸のまわりに回転してできる立体の体積 V を考えよう.x 軸に垂直な平面 $x = t$ での切り口は,半径 $|f(t)|$ の円であるから,その面積 $S(t)$ は

$$S(t) = \pi \{f(t)\}^2$$

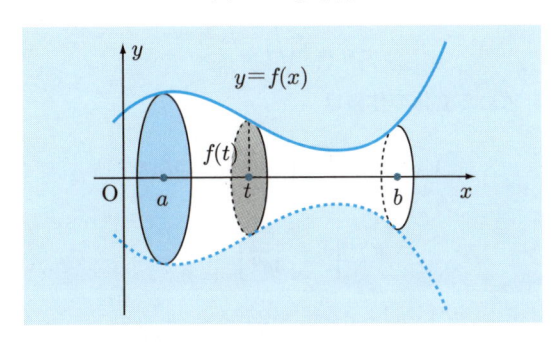

図 8.4

回転体の体積は,$(*)$ から

$$V = \int_a^b S(t)\,dt = \int_a^b \pi\{f(t)\}^2\,dt$$
$$= \pi \int_a^b \{f(t)\}^2\,dt$$

したがって,

$$V = \pi \int_a^b \{f(x)\}^2\,dx \quad \text{(回転体の体積)}$$

例題 8.2　　　　　　　　　　　　　　　　　　　回転体の体積

だ円 $\dfrac{x^2}{a^2} + \dfrac{y^2}{b^2} = 1$ を x 軸のまわりに回転してできる立体の体積を求めよ.

解答　だ円の上半分は
$$y = b\sqrt{1 - \dfrac{x^2}{a^2}}$$
と表されるので，求める立体の体積は
$$\begin{aligned}
V &= \pi b^2 \int_{-a}^{a} \left(1 - \dfrac{x^2}{a^2}\right) dx \\
&= \pi b^2 \left[x - \dfrac{x^3}{3a^2}\right]_{-a}^{a} \\
&= \pi b^2 \left(2a - \dfrac{2a^3}{3a^2}\right) = \dfrac{4}{3}\pi a b^2
\end{aligned}$$

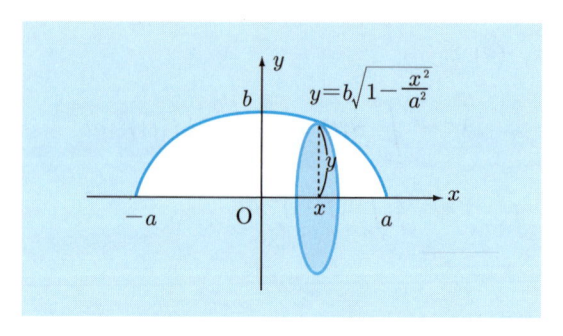

図 8.5

問題

8.2　曲線 $y = \sin x \ (0 \leqq x \leqq \pi)$ を x 軸のまわりに回転してできる立体の体積を求めよ.

8.3　次の円を x 軸のまわりに回転してできる立体の体積を求めよ.
  (1)　$x^2 + y^2 = 1$
  (2)　$x^2 + (y-1)^2 = 1$

8.2 累次積分

関数 $z = f(x,y) \geqq 0$ において，(x,y) が領域 D 上を動くとき，$(x, y, f(x,y))$ は曲面 S 上を動く．このとき，D と S の間の部分の体積 V を重積分

$$V = \iint_D f(x,y)\,dxdy$$

で表す．

さて，$D = \{(x,y) \mid a \leqq x \leqq b, c \leqq y \leqq d\}$ としよう．このとき，x 軸に垂直な平面 $x = t$ $(a \leqq t \leqq b)$ と曲面 S の共通部分は $z = f(t,y)$ で表される．ここで，y は区間 $c \leqq y \leqq d$ を動く．したがって，平面と立体の切り口の面積 $S(t)$ は

$$S(t) = \int_c^d f(t,y)\,dy$$

で与えられる．したがって，

$$\begin{aligned} V &= \int_a^b S(x)\,dx \\ &= \int_a^b \left(\int_c^d f(x,y)\,dy \right) dx \end{aligned}$$

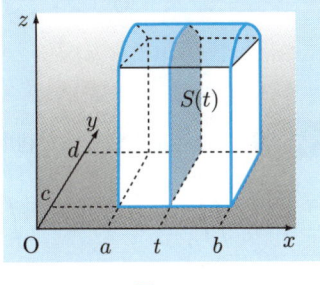

図 8.6

同様にして

$$V = \int_c^d \left(\int_a^b f(x,y)\,dx \right) dy$$

であることが示される．

定理 8.1 (**累次積分法**) $\quad D = \{(x,y) \mid a \leqq x \leqq b, c \leqq y \leqq d\}$ のとき，曲面 $z = f(x,y)$ $((x,y) \in D)$ と D の間の部分の体積は

$$\iint_D f(x,y)\,dxdy = \int_a^b \left(\int_c^d f(x,y)\,dy \right) dx = \int_c^d \left(\int_a^b f(x,y)\,dx \right) dy$$

第 8 章 立体の体積と重積分

―― 例題 8.3 ―――――――――――――――――――――――――― 累次積分 ――

次の重積分の値を求めよ．

(1) $\iint_D x^2 y^3 \, dxdy, \ D = \{(x,y) \mid a \leqq x \leqq b, c \leqq y \leqq d\}$

(2) $\iint_D \sin(x+y) \, dxdy, \ D = \left\{(x,y) \mid 0 \leqq x \leqq \dfrac{\pi}{2}, 0 \leqq y \leqq \dfrac{\pi}{2}\right\}$

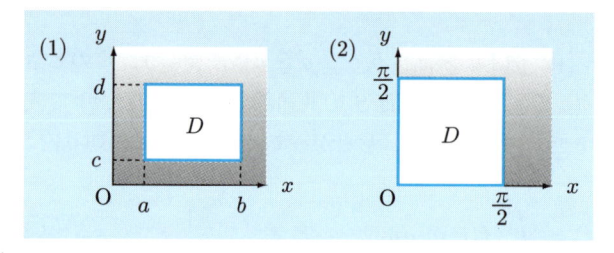

図 8.7

解答 (1) 累次積分法を利用すると

$$\iint_D x^2 y^3 \, dxdy = \int_a^b \left(\int_c^d x^2 y^3 \, dy\right) dx = \int_a^b \left[x^2 \frac{y^4}{4}\right]_c^d dx$$

$$= \int_a^b x^2 \frac{d^4 - c^4}{4} \, dx = \left[\frac{x^3}{3} \frac{d^4 - c^4}{4}\right]_a^b$$

$$= \frac{b^3 - a^3}{3} \frac{d^4 - c^4}{4} = \frac{(b^3 - a^3)(d^4 - c^4)}{12}$$

(2) $\iint_D \sin(x+y) \, dxdy$

$$= \int_0^{\frac{\pi}{2}} \left(\int_0^{\frac{\pi}{2}} \sin(x+y) \, dy\right) dx = \int_0^{\frac{\pi}{2}} \left[-\cos(x+y)\right]_0^{\frac{\pi}{2}} dx$$

$$= \int_0^{\frac{\pi}{2}} \left\{\cos x - \cos\left(x + \frac{\pi}{2}\right)\right\} dx = \left[\sin x - \sin\left(x + \frac{\pi}{2}\right)\right]_0^{\frac{\pi}{2}}$$

$$= \left(\sin \frac{\pi}{2} - 0\right) - \left(\sin \pi - \sin \frac{\pi}{2}\right) = 2$$

8.2 累次積分

問題

8.4 次の重積分の値を求めよ．

(1) $\iint_D (x^2+y^2)\,dxdy,\ D=\{(x,y)\mid 0\leqq x\leqq 1, 0\leqq y\leqq 1\}$

(2) $\iint_D xy^2\,dxdy,\ D=\{(x,y)\mid 0\leqq x\leqq 1, 0\leqq y\leqq 2\}$

(3) $\iint_D \cos(x+y)\,dxdy,\ D=\{(x,y)\mid 0\leqq x\leqq \pi/4, 0\leqq y\leqq \pi/4\}$

(4) $\iint_D e^x\sin y\,dxdy,\ D=\{(x,y)\mid 0\leqq x\leqq 1, 0\leqq y\leqq \pi/2\}$

一般領域における累次積分法　領域 $D=\{(x,y)\mid a\leqq x\leqq b, \varphi(x)\leqq y\leqq \psi(x)\}$ のとき，

$$\iint_D f(x,y)\,dxdy = \int_a^b\left(\int_{\varphi(x)}^{\psi(x)} f(x,y)\,dy\right)dx \quad \text{（累次積分法）}$$

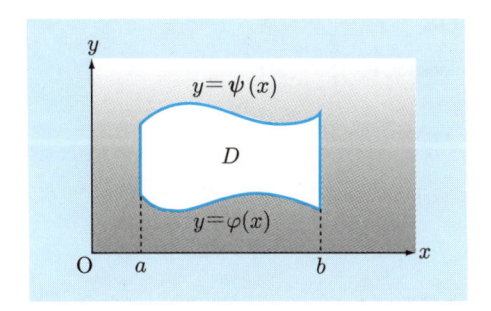

図 8.8

$f(x,y)\leqq 0$ のときには，

$$\iint_D f(x,y)\,dxdy = -\iint_D (-f(x,y))\,dxdy$$

と定義しよう．

関数 $f(x,y)$ が一般符号のときには，重積分を正の領域と負の領域に分割することによって，上の累次積分法の公式が成り立つことが示される．

第 8 章 立体の体積と重積分

例題 8.4 ──────────────── 累次積分 ─

次の重積分の値を求めよ．

(1) $\iint_D xy\, dxdy,\ D = \{(x,y) \mid 0 \leqq x \leqq 1, 0 \leqq y \leqq x\}$

(2) $\iint_D \sin(x+y)\, dxdy,\ D = \{(x,y) \mid 0 \leqq x \leqq \pi, 0 \leqq x+y \leqq \pi\}$

解答 (1) 一般領域における累次積分法を利用すると

$$\iint_D xy\, dxdy = \int_0^1 \left(\int_0^x xy\, dy\right) dx = \int_0^1 \left[x\frac{y^2}{2}\right]_0^x dx$$

$$= \int_0^1 x \times \frac{x^2}{2}\, dx = \left[\frac{1}{2}\frac{x^4}{4}\right]_0^1 = \frac{1}{8}$$

(2) $0 \leqq x+y \leqq \pi$ より $-x \leqq y \leqq \pi-x$ だから，

$$\iint_D \sin(x+y)\, dxdy$$
$$= \int_0^\pi \left(\int_{-x}^{\pi-x} \sin(x+y)\, dy\right) dx$$
$$= \int_0^\pi \left[-\cos(x+y)\right]_{-x}^{\pi-x} dx$$
$$= \int_0^\pi (-\cos\pi + 1)\, dx = \left[2x\right]_0^\pi = 2\pi$$

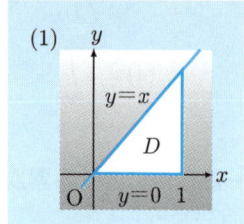

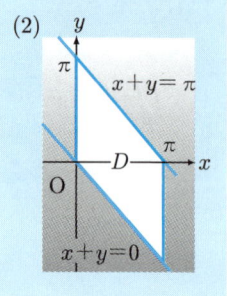

図 8.9

問　題

8.5 次の重積分の値を求めよ．

(1) $\iint_D x\, dxdy,\ D = \{(x,y) \mid 0 \leqq x \leqq 1, x^2 \leqq y \leqq x\}$

(2) $\iint_D xy\, dxdy,\ D = \{(x,y) \mid 0 \leqq x \leqq 1, 0 \leqq y \leqq \sqrt{1-x^2}\}$

(3) $\iint_D \cos(x+y)\, dxdy,\ D = \left\{(x,y) \mid 0 \leqq x \leqq \frac{\pi}{2}, 0 \leqq x+y \leqq \frac{\pi}{2}\right\}$

(4) $\iint_D xe^y\, dxdy,\ D = \{(x,y) \mid 0 \leqq x \leqq 1, 0 \leqq y \leqq x^2\}$

8.3 重積分の変数変換

(u,v) が領域 D' 上を動くとき，変換 $x = \varphi(u,v)$, $y = \psi(u,v)$ によって，(x,y) が領域 D 上を動くとしよう．このとき，関数 $f(x,y)$ の D 上の重積分は

$$\iint_D f(x,y)\,dxdy = \iint_{D'} f(\varphi(u,v), \psi(u,v))|J(u,v)|\,dudv$$

のように D' 上の重積分に変換される．ここに，$J(u,v)$ は**ヤコビアン**と呼ばれ次のように定義される．

$$J(u,v) = \begin{vmatrix} x_u & y_u \\ x_v & y_v \end{vmatrix} = x_u y_v - y_u x_v$$

証明 この結果は，次のステップを経て証明される．

[ステップ 1] 領域 D' が長方形領域で一次変換

$$x = au + bv, \quad y = cu + dv$$

によって D に移されるとき，D は平行四辺形で

$$D \text{ の面積} = |ad - bc| \times D' \text{ の面積}$$

である (例題 8.5)．このとき，$f(x,y)$ が定数であれば，変数変換の公式が成り立つ．

[ステップ 2] 領域 D' に含まれる小さな長方形領域 I' の上で，全微分可能性から

$$x \fallingdotseq au + bv, \quad y \fallingdotseq cu + dv$$

であり，かつ，I' の像 I の上で $f(x,y) \fallingdotseq c$ である．そこで，ステップ 1 の結果を用いると

$$\iint_I f(x,y)dxdy \fallingdotseq c \iint_I dxdy \fallingdotseq c \iint_{I'} |ad-bc|dudv$$
$$\fallingdotseq \iint_{I'} f(\varphi(u,v), \psi(u,v))|J(u,v)|dudv$$

このとき，両辺の誤差は $\varepsilon \times (I' \text{の面積})$ であり，ε は I' を小さくすると小さくなる量である．

[ステップ 3] 領域 D' を小さな長方形領域の集まりで近似し，それぞれの小さな長方形領域でステップ 2 の結果を適用する．

例題 8.5 — 重積分の変数変換

u, v が長方形領域 $\Delta' = \{(u,v) \mid 0 \leq u \leq \alpha, 0 \leq v \leq \beta\}$ 上を動き，変換が $x = au + bv,\ y = cu + dv$ であるとしよう．

(1) 変換のヤコビアン $J(u,v)$ を求めよ．

(2) A $(a\alpha, c\alpha)$, B $(b\beta, d\beta)$ とするとき，x, y は，OA と OB で作られる平行四辺形 Δ 上を動く．このとき，次を示せ．

$$\Delta \text{ の面積} = \Delta' \text{ の面積} \times |ad - bc|$$

(3) Δ 上の定数関数 $f(x,y) = k$ の重積分を u, v に関する重積分に変換せよ．

解答 (1) $x_u = a,\ x_v = b,\ y_u = c,\ y_v = d$ だから変換のヤコビアンは

$$J(u,v) = \begin{vmatrix} x_u & y_u \\ x_v & y_v \end{vmatrix} = \begin{vmatrix} a & c \\ b & d \end{vmatrix} = ad - bc$$

(2) OA, OB で作られる平行四辺形の面積は

$$|(a\alpha)(d\beta) - (c\alpha)(b\beta)| = \alpha\beta|ad - bc| = \Delta' \text{ の面積} \times |ad - bc|$$

(3)
$$\iint_\Delta f(x,y)\, dxdy = k \times \Delta \text{ の面積} = k|ad - bc| \times \Delta' \text{ の面積}$$

$$= k|ad-bc| \iint_{\Delta'} dudv = \iint_{\Delta'} k|ad-bc|\, dudv$$

$$= \iint_{\Delta'} f(\varphi(u,v), \psi(u,v))|J(u,v)|\, dxdy$$

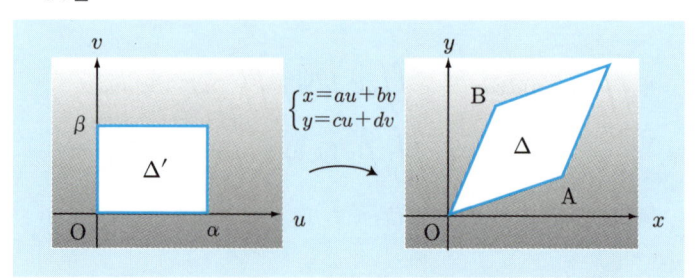

図 8.10

例題 8.6 — 重積分の変数変換

$u = x+y$, $v = x-y$ と変数を変換して,

(1) $\iint_D e^{x+y} \sin(x-y)\, dxdy = \dfrac{1}{2} \iint_{D'} e^u \sin v\, dudv$ を示せ.

(2) $D = \{(x,y) \mid 0 \leqq x+y \leqq \pi, 0 \leqq x-y \leqq \pi\}$ のとき,左辺の重積分の値を求めよ.

解答 (1) $u = x+y$, $v = x-y$ だから,

$$x = \frac{u+v}{2}, \qquad y = \frac{u-v}{2}$$

よって,変換のヤコビアンは

$$J(u,v) = \begin{vmatrix} x_u & y_u \\ x_v & y_v \end{vmatrix} = \begin{vmatrix} \dfrac{1}{2} & \dfrac{1}{2} \\ \dfrac{1}{2} & -\dfrac{1}{2} \end{vmatrix} = -\frac{1}{2}$$

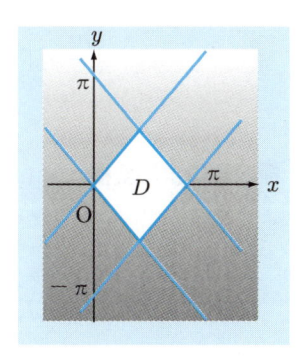

したがって,

$$\iint_D e^{x+y} \sin(x-y)\, dxdy = \iint_{D'} e^u \sin v \left| -\frac{1}{2} \right| dudv$$

$$= \frac{1}{2} \iint_{D'} e^u \sin v\, dudv$$

図 8.11

(2) $D' = \{(u,v) \mid 0 \leqq u \leqq \pi, 0 \leqq v \leqq \pi\}$ だから,

$$\iint_D e^{x+y} \sin(x-y)\, dxdy$$
$$= \frac{1}{2} \iint_{D'} e^u \sin v\, dudv$$
$$= \frac{1}{2} \int_0^\pi \left(\int_0^\pi e^u \sin v\, dv \right) du = \frac{1}{2} \int_0^\pi \left[e^u (-\cos v) \right]_0^\pi du$$
$$= \int_0^\pi e^u\, du = \left[e^u \right]_0^\pi = e^\pi - 1$$

問題

8.6 $u = x+y$, $v = x-y$ と変数を変換して次の重積分を計算せよ．

(1) $\displaystyle\iint_D \sin(x-y)\sin(x+y)\,dxdy$,

$D = \{(x,y) \mid 0 \leqq x+y \leqq \pi, 0 \leqq x-y \leqq \pi\}$

(2) $\displaystyle\iint_D (x-y)\sin(x+y)\,dxdy$,

$D = \{(x,y) \mid 0 \leqq x+y \leqq \pi, 0 \leqq x-y \leqq \pi\}$

極座標による変換　　(x,y) に関する積分を極座標 (r,θ) による積分に変換しよう．このとき，$x = r\cos\theta$, $y = r\sin\theta$ だから，変換のヤコビアンは

$$
\begin{aligned}
J(r,\theta) &= \begin{vmatrix} x_r & y_r \\ x_\theta & y_\theta \end{vmatrix} \\
&= \begin{vmatrix} \cos\theta & \sin\theta \\ r(-\sin\theta) & r\cos\theta \end{vmatrix} \\
&= r(\cos^2\theta + \sin^2\theta) = r
\end{aligned}
$$

したがって，極座標を用いると，重積分は次のように変換される．

$$\iint_D f(x,y)\,dxdy = \iint_{D'} f(r\cos\theta, r\sin\theta)\;r\;drd\theta$$

8.3 重積分の変数変換

例題 8.7 ────────────── 重積分の極座標による計算 ─

重積分
$$\iint_D \sqrt{a^2 - x^2 - y^2}\, dxdy,\ D = \{(x,y) \mid x^2 + y^2 \leqq a^2\}$$
は半径 a の半球の体積を表す．この値を極座標によって計算せよ．

解答 (x,y) が円 D 上を動くとき，極座標 (r,θ) は
$$0 \leqq r \leqq a, \qquad 0 \leqq \theta < 2\pi$$

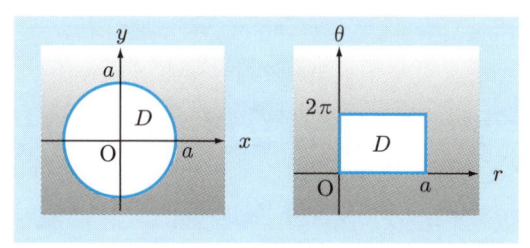

図 8.12

を満足する．ここで定まる (r,θ) の領域を D' とすると

$$\begin{aligned}
I &= \iint_D \sqrt{a^2 - x^2 - y^2}\, dxdy \\
&= \iint_{D'} \sqrt{a^2 - r^2}\, r\, drd\theta \\
&= \int_0^{2\pi} \left(\int_0^a \sqrt{a^2 - r^2}\, r\, dr \right) d\theta \\
&= 2\pi \int_0^a \sqrt{a^2 - r^2}\, r\, dr
\end{aligned}$$

$t = \sqrt{a^2 - r^2}$ と変数を変換すると，
$$t^2 = a^2 - r^2$$
よって，$2tdt = -2rdr$ だから
$$I = 2\pi \int_a^0 t\, (-tdt) = 2\pi \left[\frac{t^3}{3} \right]_0^a = \frac{2\pi}{3} a^3$$

したがって，半径 a の体積は
$$2 \times \frac{2\pi}{3} a^3 = \frac{4}{3} \pi a^3$$

となりよく知られた結果と一致する．

問題

8.7 次の重積分を計算せよ.

(1) $\iint_D (x^2 + y^2)\, dxdy, \quad D = \{(x,y) \mid x^2 + y^2 \leqq 1\}$

(2) $\iint_D (x + y)\, dxdy, \quad D = \{(x,y) \mid x \geqq 0, y \geqq 0, x^2 + y^2 \leqq 1\}$

(3) $\iint_D (x^2 + y^2)^\alpha\, dxdy, \quad D = \{(x,y) \mid x^2 + y^2 \leqq 1\}; \alpha > -1$

発展問題 8

1 だ円体
$$\frac{x^2}{a^2} + \frac{y^2}{b^2} + \frac{z^2}{c^2} \leqq 1$$
の体積を求めよ.

2 $I = \{(x,y) \mid a \leqq x \leqq b, a \leqq y \leqq b\}$ に対して

(1) $\iint_I f(x)g(y)\, dxdy = \left(\int_a^b f(x)\, dx\right)\left(\int_a^b g(x)\, dx\right)$ を示せ.

(2) $\iint_I (f(x)g(y) - f(y)g(x))^2\, dxdy$
$= 2\left(\int_a^b f(x)^2\, dx\right)\left(\int_a^b g(x)^2\, dx\right) - 2\left(\int_a^b f(x)g(x)\, dx\right)^2$ を示せ.

(3) $\left(\int_a^b f(x)^2\, dx\right)\left(\int_a^b g(x)^2\, dx\right) \geqq \left(\int_a^b f(x)g(x)\, dx\right)^2$ を示せ.

3 (1) $I(R) = \{(x,y) \mid 0 \leqq x \leqq R, 0 \leqq y \leqq R\}$ に対して,
$$A(R) = \iint_{I(R)} e^{-x^2-y^2}\, dxdy = \left(\int_0^R e^{-x^2}\, dx\right)^2$$
を示せ.

(2) $J(R) = \{(x,y) \mid x \geqq 0, y \geqq 0, x^2 + y^2 \leqq R^2\}$ に対して,
$$B(R) = \iint_{J(R)} e^{-x^2-y^2}\, dxdy$$
を計算せよ.

(3) $B(R) \leqq A(R) \leqq B(2R)$ を示せ.

(4) $\int_0^\infty e^{-x^2}\, dx = \lim_{R \to \infty} \int_0^R e^{-x^2}\, dx$ を求めよ.

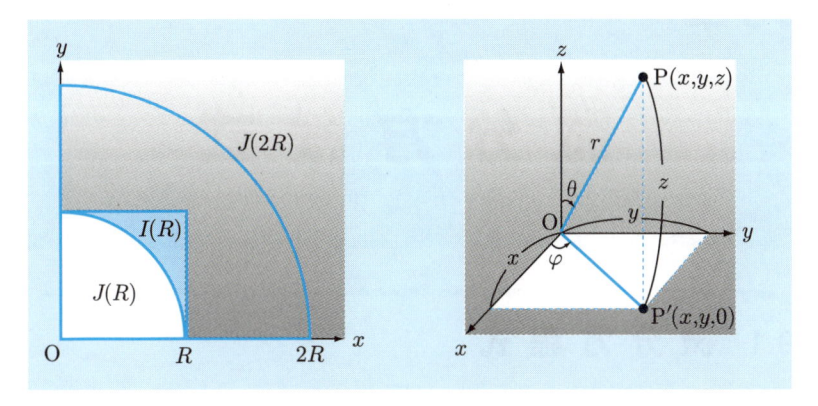

図 8.13

4 空間座標系 O-xyz において，点 P(x,y,z) と原点 O との距離を r，z 軸と線分 OP のなす角を θ とする．さらに，点 P を xy 平面に射影した点 P$'$ に対して，$\angle x\text{OP}' = \varphi$ とする．このとき，x, y, z を r, θ, φ で表せ．

5 一つの変数 t の関数 $x(t), y(t), z(t)$ が与えられている．点 $(x(t), y(t), z(t))$ はある曲線上にある．
  (1) $(at+x_0, bt+y_0, ct+z_0)$ は点 (x_0, y_0, z_0) を通る直線上にあることを示せ．
  (2) $(t, 0, t^2)$ はどんな曲線上にあるか．
  (3) (t, t, t^2) はどんな曲線上にあるか．

6 曲線 $(x(t), y(t), z(t))$ $(a \leqq t \leqq b)$ の長さは次のように与えられる．
$$\int_a^b \sqrt{\{x'(t)\}^2 + \{y'(t)\}^2 + \{z'(t)\}^2}\, dt$$
  (1) 曲線 (t, t, t) $(0 \leqq t \leqq 1)$ の長さを求めよ．
  (2) 曲線 $(\cos\theta, \sin\theta, \theta)$ $(0 \leqq \theta \leqq \pi)$ の長さを求めよ．

7 3 重積分 $\displaystyle\int_{a_1}^{b_1} \left(\int_{a_2}^{b_2} \left(\int_{a_3}^{b_3} dz \right) dy \right) dx$ は何を表すか．

8 関数 $z = f(x,y)$ は領域 D 上で非負とする．このとき，3 重積分
$$\iint_D \left(\int_0^{f(x,y)} dz \right) dxdy$$
は何を表すか．

9 3 重積分 $\displaystyle\int_0^1 \left(\int_0^1 \left(\int_0^1 xyz\, dz \right) dy \right) dx$ を計算せよ．

第9章

微分方程式

9.1 微分方程式

微分方程式 x, y およびその微分を含む方程式

$$F(x, y, y', \cdots, y^{(n)}) = 0 \qquad (*)$$

を**微分方程式**という．関数 $y = \varphi(x)$ が $(*)$ を満足しているとき，この微分方程式の**解**であるという．

微分方程式 $(*)$ の解 $y = \varphi(x)$ を求めることを**微分方程式を解く**という．一般に，n 個の任意定数を含む微分方程式の解を**一般解**という．

変数分離形 微分方程式 $(*)$ において，$F(x, y, y') = f(x)g(y) - y'$ のとき，すなわち，

$$y' = f(x)g(y) \quad \text{(変数分離形の微分方程式)}$$

は**変数分離形**の微分方程式と呼ばれる．

さて，合成関数の微分法によると，

$$(\log|g(y)|)' = \left(\frac{d}{dy}\log|g(y)|\right)\frac{dy}{dx} = \frac{y'}{g(y)} = f(x)$$

この両辺を積分すると，求める解 y は，

$$\log|g(y)| = \int f(x)\,dx$$

を満足する．この式を得るためには，

$$\frac{y'}{g(y)} = f(x)$$

または
$$\frac{dy}{g(y)} = f(x)\,dx \tag{**}$$
と変形して，左辺は y で右辺は x でそれぞれ積分すればよい．

例題 9.1 ——————————————————————————— 変数分離形

微分方程式
$$y' = \frac{y}{x(x+1)}$$
を解け．

解答 微分方程式を解くために，(**) のように変形すると，
$$\frac{dy}{y} = \frac{dx}{x(x+1)}$$
左辺は y で積分すると
$$\int \frac{dy}{y} = \log|y|$$
右辺は x で積分し積分定数 c をつけると
$$\int \frac{dx}{x(x+1)} = \int \left(\frac{1}{x} - \frac{1}{x+1}\right) dx$$
$$= \log|x| - \log|x+1| + c = \log e^c \frac{|x|}{|x+1|}$$
したがって，
$$|y| = e^c \frac{|x|}{|x+1|}$$
絶対値をはずすと
$$y = \pm e^c \frac{x}{x+1}$$
ここで，$C = \pm e^c$ とおくと，$y = \dfrac{Cx}{x+1}$ ．これが求める一般解である．

～～～ 問 題 ～～～

9.1 次の微分方程式を解け．

(1) $y' = 2x + 1$ (2) $y' = \dfrac{y}{x+2}$

(3) $y' = y(1-y)$ (4) $y' = -\dfrac{y^2}{x^2}$

9.2 人口問題と微分方程式

マルサスの人口論によると，人口の増加率はそのときの人口に比例するという．したがって，時刻 t のときの人口を $N = N(t)$ とすると，時間が t から Δt だけ変化したとき，人口の変分

$$\Delta N = N(t + \Delta t) - N(t)$$

は，N と Δt に比例する．比例定数を k とすると

$$\Delta N = N(t + \Delta t) - N(t) = kN\Delta t$$

両辺を Δt で割ると

$$\frac{\Delta N}{\Delta t} = kN$$

$\Delta t \to 0$ とすると，

$$\frac{dN}{dt} = kN \qquad (*)$$

したがって，人口 $N = N(t)$ はこの微分方程式にしたがって変化する．

この微分方程式は変数分離形であるから，

$$\frac{dN}{N} = kdt$$

と変形して，両辺をそれぞれ N, t で積分すると

$$\log N = kt + c$$

すなわち，解は $N = e^{kt+c} = e^c e^{kt} = Ce^{kt} \ (C = e^c)$ である．

ここで，$N(0)$ と $N(1)$ が与えられたとしよう．すると，

$$N(0) = C$$
$$N(1) = Ce^k = N(0)e^k \iff e^k = \frac{N(1)}{N(0)}$$

したがって，

$$N = N(t) = N(0)(e^k)^t = N(0)\left(\frac{N(1)}{N(0)}\right)^t$$

9.2 人口問題と微分方程式

例題 9.2 ────────────── 微分方程式 ─

試験管の中の微生物の数 N を毎日測定したとき，次の表のようであった．

日	0	1	2	3	4	5
数	1000	1900	3500	6400	11500	19600
日	6	7	8	9	10	
数	31100	45100	59100	70500	85400	

(1) 微生物の数 N は微分方程式 $(*)$ にしたがって繁殖するとき，$N(0)$, $N(1)$ の値から $N = N(t)$ を求めよ．
(2) (1) で求めた $N(t)$ の値と上の表の数値を比べてみよう．

解答 (1) 微分方程式

$$\frac{dN}{dt} = kN$$

を解くと，$N = Ce^{kt}$. ここで，

$$C = N(0) = 1000, \quad e^k = \frac{1900}{1000} = 1.9$$

であるから，

$$N = N(t) = 1.9^t \times 10^3$$

(2)

日	0	1	2	3	4	5
$N(t)$	1000	1900	3600	6900	13000	24800
日	6	7	8	9	10	
$N(t)$	47000	89400	170000	323000	613000	

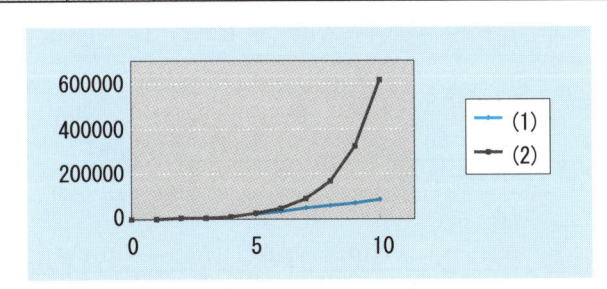

図 9.1

例題 9.3

マルサスの人口論では人口は指数関数となるので急激に増加することになる．そこで，ヴェアフルストはマルサスの人口論を修正して，人口には上限 N_∞ が存在し，人口増加率は，N および $(N_\infty - N)/N_\infty$ に比例するとした．すなわち，人口 $N = N(t)$ は，微分方程式

$$\frac{dN}{dt} = kN\left(1 - \frac{N}{N_\infty}\right)$$

にしたがって増加する．
(1) この微分方程式の解を求めよ．
(2) 例題 9.2 における $N(0)$, $N(1)$ および $N_\infty = 90000$ として解を求めよ．
(3) 解 $y = N(t)$ のグラフをかいて，そのグラフがS型曲線であることを確認せよ．

解答 (1) 微分方程式を変形して，

$$\frac{N_\infty dN}{N(N_\infty - N)} = kdt$$

左辺の被積分関数を部分分数に展開すると，

$$\frac{dN}{N} - \frac{dN}{N - N_\infty} = kdt$$

積分すると

$$\log N - \log|N - N_\infty| = kt + c$$

左辺は $\log(N/(N_\infty - N))$ であるから，

$$\frac{N}{N_\infty - N} = Ce^{kt} \qquad (C = e^c)$$

ここで，$t = 0, t = 1$ とすると

$$\frac{N(0)}{N_\infty - N(0)} = C, \quad \frac{N(1)}{N_\infty - N(1)} = Ce^k$$

したがって，

$$\frac{N}{N_\infty - N} = \frac{N(0)}{N_\infty - N(0)}\left(\frac{N(1)(N_\infty - N(0))}{N(0)(N_\infty - N(1))}\right)^t$$

(2) $C = (1/89)$, $e^k = (19 \times 89)/881$ であるから,
$$N = N(t) = \frac{90}{1 + 89(881/1691)^t} \times 10^3$$

(3)

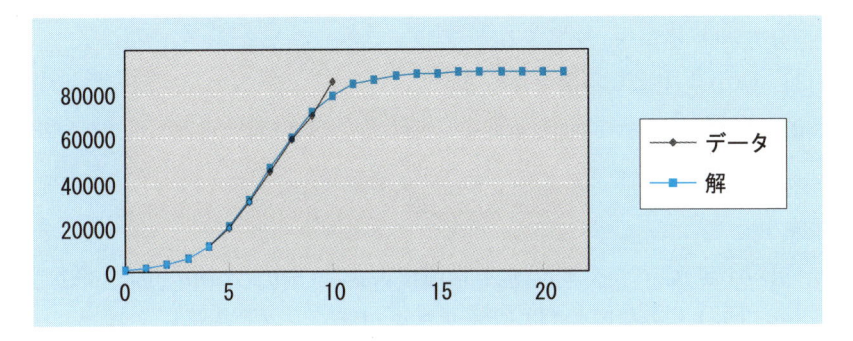

日	0	1	2	3	4	5
$N(t)$	1000	1900	3600	6600	11900	20400
日	6	7	8	9	10	
$N(t)$	32400	46700	60700	71900	79600	

図 9.2

問題

9.2 次の微分方程式を解け.

(1) $y' = 2x + 1 \quad (y(0) = 1)$

(2) $(x+2)y' = y \quad (y(1) = 1)$

(3) $y' = y(1-y) \quad \left(y(0) = \dfrac{1}{2}\right)$

(4) $x^2 y' + y^2 = 0 \quad (y(1) = 1)$

9.3 微分方程式と漸化式

微分方程式の解のグラフを Excel を利用して描いてみよう．このために，微分方程式の解が満たす漸化式を作り Excel で次々に計算する．このような方法は**差分近似法**と呼ばれる．さらに，Excel を用いて描かれたグラフと微分方程式の実際の解が表すグラフとを比較してみよう．

例題 9.4 ─────────────────────── 微分方程式 ─

微分方程式 $y' = xy$ を考える．
(1) $y(0) = 1$ となる解を求めよ．
(2) h が小さいとき，$y' \fallingdotseq \dfrac{y(x+h) - y(x)}{h}$ に注意すると

$$\dfrac{y(x+h) - y(x)}{h} \fallingdotseq xy(x)$$

$y(nh) = y_n$ とおくと，$\{y_n\}$ は漸化式 $y_{n+1} - y_n = (nh^2)y_n$ を満足する．$\{y_n\}$ の散布図と (1) の解 $y = y(x)$ のグラフを比較しよう．

解答 (1) 微分方程式を変形すると $dy/y = xdx$．両辺をそれぞれ x, y で積分すると $\log|y| = x^2/2 + c$．したがって，$y = \pm e^{\frac{x^2}{2}+c} = Ce^{\frac{x^2}{2}}$ ($C = \pm e^c$)．$y(0) = C = 1$ であるから，求める解は $y = e^{\frac{x^2}{2}}$．

(2) $y_0 = 1, y_{n+1} = y_n + (nh^2)y_n$．$h = 0.01$ として，$\{y_n\}$ の散布図を描こう．

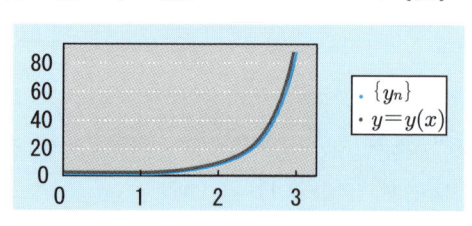

図 9.3

問 題

9.3 次の微分方程式の解を求め，対応する漸化式の散布図と比較せよ．
(1) $y' = \sin x$ $(y(0) = 1)$
(2) $xy' = y$ $(y(1) = 1)$

9.4 全微分方程式

関数 $P(x,y), Q(x,y)$ に対して，微分方程式

$$\frac{dy}{dx} = -\frac{P(x,y)}{Q(x,y)}$$

を

$$Pdx + Qdy = 0 \quad (\text{全微分形}) \tag{1}$$

と表す．これを**全微分形**の微分方程式という．関数 $z = f(x,y)$ が

$$z_x = P, \quad z_y = Q \tag{2}$$

を満足するとき，

$$z = f(x,y) = c \quad (c : \text{定数})$$

から定まる陰関数 $y = y(x)$ は，(1) の解である．実際，$f(x,y) = c$ を x で微分すると $f_x(x,y) + f_y(x,y)\dfrac{dy}{dx} = 0$．$f_x = P, f_y = Q$ であるから (1) と一致する．

ここで，

$$P_y = Q_x \quad (\text{完全形の条件}) \tag{3}$$

を満たすとき，全微分方程式 (1) は**完全形**であるという．完全形の全微分方程式を解いてみよう．まず，$z_x = P$ の両辺を x について積分すると

$$z = \int P(x,y)\, dx + \varphi(y)$$

の形に表される．ここで，両辺を y について偏微分すると，

$$z_y = \frac{\partial}{\partial y}\left(\int P(x,y)\, dx\right) + \varphi'(y) = Q$$

つまり，

$$\varphi'(y) = Q - \frac{\partial}{\partial y}\left(\int P(x,y)\, dx\right) \tag{4}$$

となるように φ を決めればよい．実際，この右辺は，

$$\frac{\partial}{\partial x}\left(Q(x,y) - \frac{\partial}{\partial y}\left(\int P(x,y)\,dx\right)\right) = Q_x(x,y) - \frac{\partial}{\partial y}\frac{\partial}{\partial x}\left(\int P(x,y)\,dx\right)$$
$$= Q_x(x,y) - \frac{\partial}{\partial y}P(x,y) = Q_x - P_y = 0$$

となり，y のみの関数である．したがって，(4) の右辺を積分して φ を求めることができる．

例題 9.5 ─────全微分方程式の解法─

全微分方程式 $(2xy - y^2)dx + (x^2 - 2xy)dy = 0$ を解け．

解答 $P = 2xy - y^2$, $Q = x^2 - 2xy$ とすると，$P_y = 2x - 2y$, $Q_x = 2x - 2y$ であるから，(3) を満足するので全微分方程式は完全形である．このとき，

$$z_x = 2xy - y^2$$

の両辺を x について積分すると

$$z = x^2 y - xy^2 + \varphi(y)$$

と表すことができる．この両辺を y について偏微分すると，

$$z_y = x^2 - 2xy + \varphi'(y) = Q$$

したがって，$\varphi'(y) = 0$ となるので，$\varphi(y) = 0$ とすると，$z = x^2 y - 2xy$．したがって，

$$x^2 - 2xy = c \quad (c : 定数)$$

から定まる関数 $y = y(x)$ が求める解を与える．

問題

9.4 全微分方程式 $(y^3 - 2xy^2)dx + (3xy^2 - 2x^2 y)dy = 0$ について，
 (1) 全微分方程式を解け．
 (2) (1) の解と微分方程式 $(y^3 - 2xy^2) + (3xy^2 - 2x^2 y)\dfrac{dy}{dx} = 0$ に対応する漸化式の散布図と比較せよ．

9.5 偏微分方程式

変数 x, y, 関数 $z = f(x,y)$ およびその偏微分についての関係式（方程式）を**偏微分方程式**という．

> **例題 9.6** ──────────────── 偏微分方程式 ─
> 関数 $z = f(xy)$ を x, y について偏微分し，f を消去した方程式を作れ．

解答 合成関数の偏微分法によって，

$$z_x = f'(xy)\frac{\partial}{\partial x}xy = f'(xy)y$$
$$z_y = f'(xy)\frac{\partial}{\partial y}xy = f'(xy)x$$

したがって，$xz_x - yz_y = x(yf'(xy)) - y(xf'(xy)) = 0$.

> **例題 9.7** ──────────────── 定数関数と偏微分 ─
> $z_x = 0$, $z_y = 0$ ならば，関数 $z = f(x,y)$ は定数であることを示せ．

解答 変数 x について，平均値の定理を用いると，

$$f(x,y) - f(a,y) = f_x(\xi, y)$$

となる ξ が存在する．$z_x = 0$ だから，$f(x,y) = f(a,y)$ となる．すなわち，$z = f(x,y)$ は y だけに依存する関数である．

同様に，

$$f(a,y) - f(a,b) = f_y(a, \eta)$$

となる η が存在する．$z_y = 0$ だから，$f(a,y) = f(a,b)$ となる．すなわち，

$$z = f(x,y) = f(a,y) = f(a,b)$$

だから，z は定数関数である．

例題 9.8 ─ 偏微分方程式の解法

偏微分方程式 $z_x - z = 0$ を解け．

解答 $\dfrac{z_x}{z} = 1$ の両辺を x について積分すると

$$\log|z| = x + c$$

となる定数 c が存在する．このとき，c は y の関数 $\varphi(y)$ とおくことができる．したがって，

$$z = \pm e^{\varphi(y)} e^x$$

ここで，$\pm e^{\varphi(y)}$ はやはり y の関数であるから，$\psi(y)$ と置き換えると，$z = \psi(y) e^x$ と表される．

問題

9.5 次の偏微分方程式を解け．

(1) $z_x = x + y$ (2) $z_y - z = 0$

(3) $z_{xy} = 0$ (4) $z_{xy} = xe^y$

発展問題 9

1. ある遺跡の壁に描かれていた絵に使用されていた木炭の中の放射性炭素 C^{14} は，2000 年のある日に 1 グラム当たり 1 分間に平均 4.1 崩壊することが測定された．生きている木の中の C^{14} は 1 グラム当たり 1 分間に平均 6.68 崩壊する．放射性炭素 C^{14} の半減期は 5000 年として，この測定結果から遺跡の年代を推定せよ．

2. 微分方程式 $y' + 2y = x$ において，この両辺に $u = u(x)$ をかけると

$$u(x) y' + 2u(x) y = x u(x)$$

となる．
   (1) $(u(x) y)' = u(x) y' + 2u(x) y$ となるように $u(x)$ を定めよ．
   (2) (1) を利用して，$y(0) = 1$ となる微分方程式の解を求めよ．
   (3) $h = 0.01$, $y_0 = 1$ とする．漸化式

発展問題 9

$$\frac{y_{n+1}-y_n}{h}+2y_n=nh \qquad (n=0,1,2,...)$$

で定まる点 (nh, y_n) の散布図を描き，(2) の解と比較せよ．

3 微分方程式 $xy'+y=2x(1+x^2)$ において，

(1) 関数 $y=x+\dfrac{1}{2}x^3$ は初期条件 $y(0)=0$ を満たす解であることを示せ．

(2) $h=0.01$, $y_0=1$ とする．漸化式

$$(nh)\frac{y_{n+1}-y_n}{h}+y_n=2nh\{1+(nh)^2\} \qquad (n=0,1,2,...)$$

で定まる点 (nh, y_n) の散布図を描き，(1) の解と比較せよ．

4 曲線 $Y=f(X)$ 上の点 $\mathrm{P}(x,y)$ における接線が X 軸と交わる点を T, 点 P から X 軸に下した垂線を PH とする．TH の長さが一定値 k であるような曲線を求めよ．

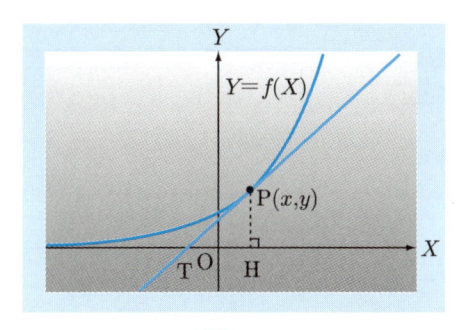

図 9.4

5 曲線 $Y=f(X)$ 上の点 $\mathrm{P}(x,y)$ における法線が X 軸と交わる点を N, 点 P から X 軸に下した垂線を PH とする．NH の長さが一定値 k であるような曲線を求めよ．

6 曲線 $Y=f(X)$ 上の点 $\mathrm{P}(x,y)$ における接線が X 軸，Y 軸と交わる点を A, B とする．AB の中点が常に P と一致するような曲線を求めよ．

7 関数 $f(x) \geqq 0$ に対して，関数 $\varphi(x)$ が不等式 $\varphi(x) \leqq c+\displaystyle\int_a^x f(t)\varphi(t)\,dt$ を満たしているならば，

$$\varphi(x) \leqq c\exp\left(\int_a^x f(t)\,dt\right)$$

であることを示せ（グロンウォルの不等式）．

付　録

A.1　Excelによる数列 $\{\frac{1}{n}\}$ の散布図の描き方

まず，Excelを立ち上げよう．

第1行には，題名などの情報を書きこもう．

ここでは，A1に例，A2にn，B2に数列の一般項 a_n を書きました（図1）．

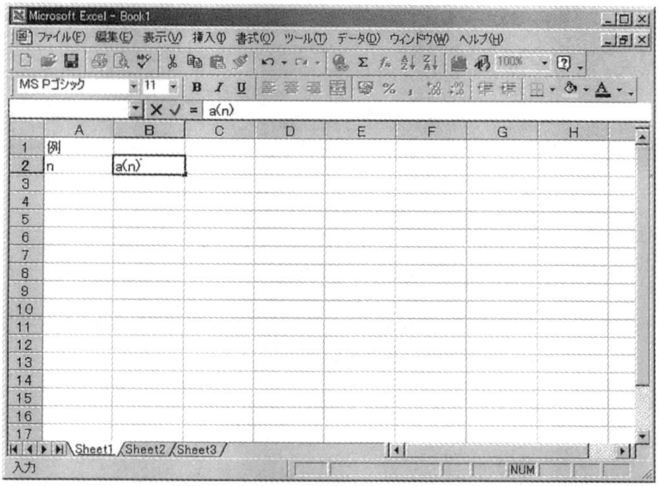

図1

第3行から $a_1, a_2, a_3, \ldots$ を計算します．

A3には1，B3には数列の初項 a_1 の値1を書きました．

A4には「=A3+1」，B4には「=1/A4」と書きましょう（図2）．

次に，A4，B4をコピーして適当な行まで貼り付けます．ここでは a_{100} まで計算しました（図3）．

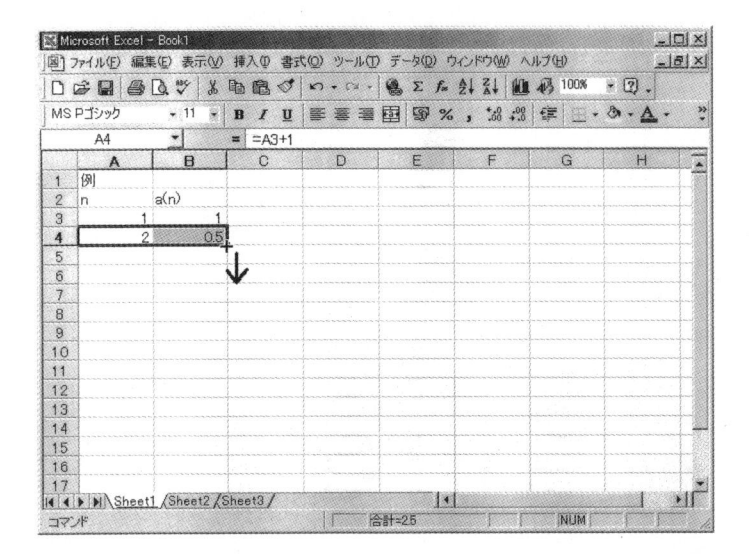

A.1　Excelによる数列 $\{\frac{1}{n}\}$ の散布図の描き方

図 2

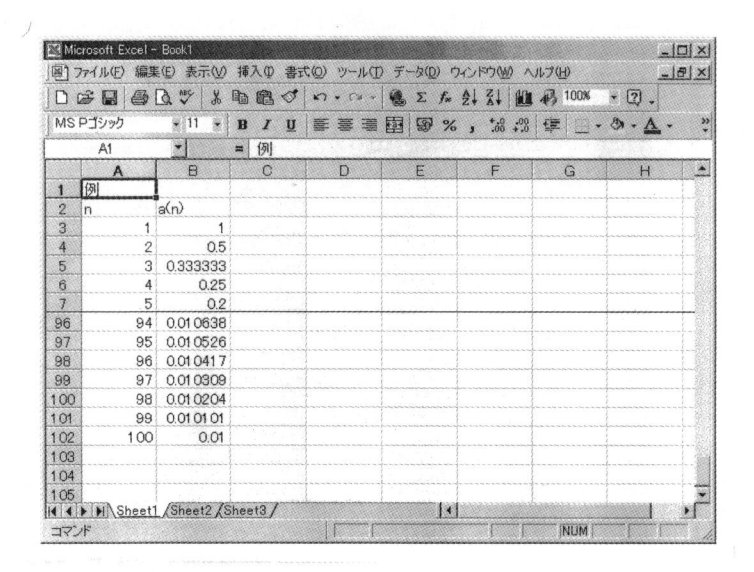

図 3

172　　　　　　　　　　　　　付　録

　最後に，数字の部分（A，Bの3行から102行）を選択して，「挿入 ⟶ グラフ ⟶ 散布図（または 折れ線）」を選び（図4，図5），グラフを書きましょう（図6）．詳しいことは，Excelの本を見てください．

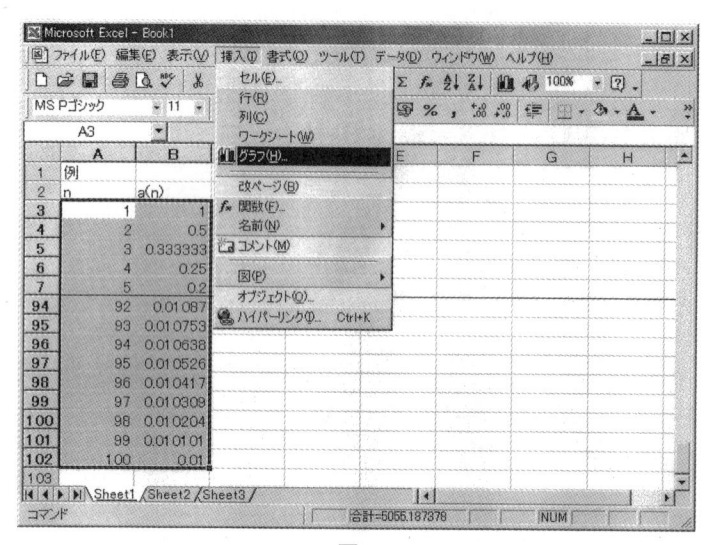

図 4

図 5

A.2　Excel による曲線 $y = \frac{x^2-1}{x-1}$ のグラフの描き方

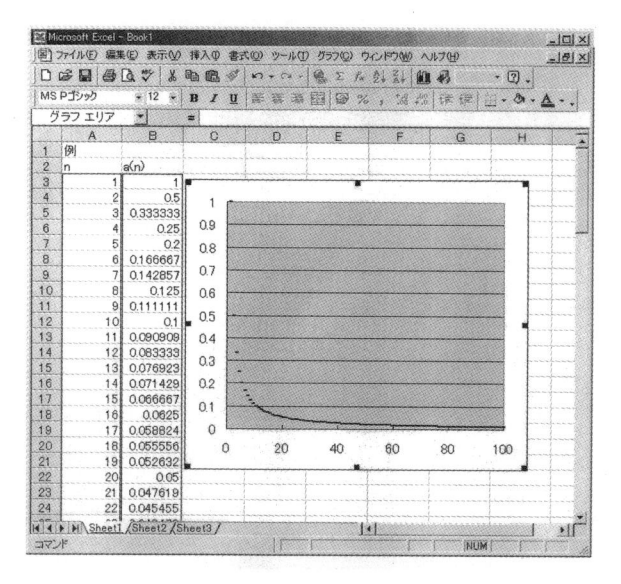

図 6

A.2　Excel による曲線 $y = \frac{x^2-1}{x-1}$ のグラフの描き方

Excel を立ち上げて，A1 に表題「$y = (x^2-1)/(x-1)$ のグラフ」を書こう．

A で x の値，B で y の値を計算しよう．そこで，A3 は「-1」，B3 には「=(A3*A3-1)/(A3-1)」を書こう（図 7）．

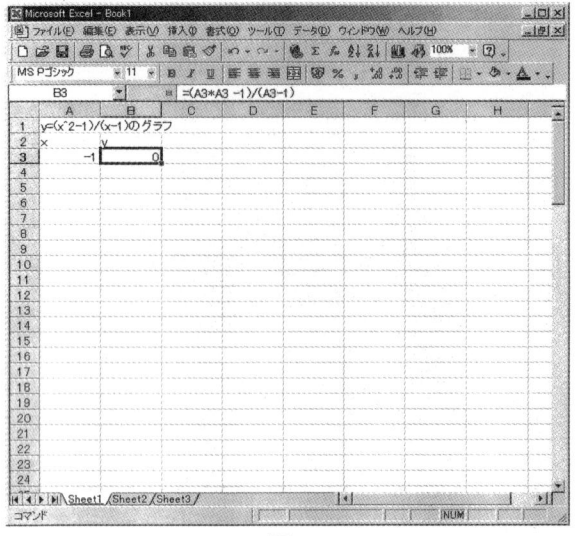

図 7

A4 は「=A3+0.1」，B4 には「=(A4*A4-1)/(A4-1)」と書いて，それらをコピーして 4 行以降に貼り付ける．その後，散布図を描いてみよう（図 8）．

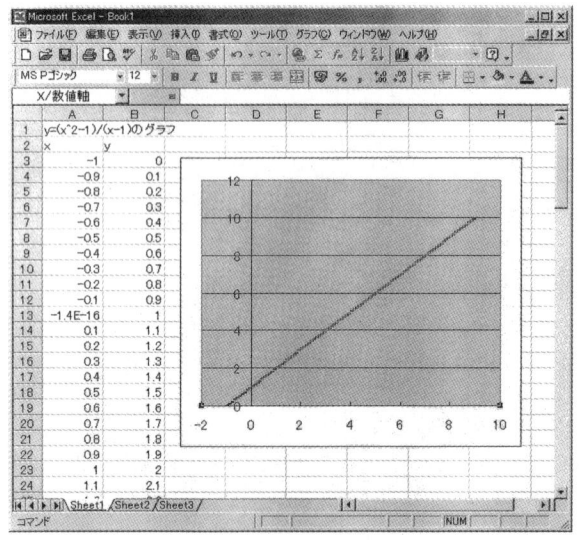

図 8

解　　答

第1章

問　題

1.1 (1) $x \geqq 0$ のとき，$\max\{x, -x\} = x$, $|x| = x$ だから，$\max\{x, -x\} = |x|$.
$x < 0$ のとき，$\max\{x, -x\} = -x$, $|x| = -x$ だから，$\max\{x, -x\} = |x|$.
(2), (3), (4) も同様に示すことができる．

1.2 (1)

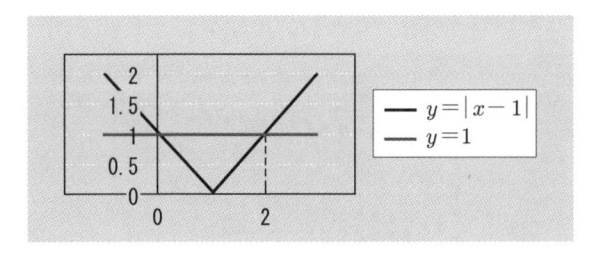

(2) $0 < x < 2$

1.3 (1) $\dfrac{2n+1}{2n}$ 　　(2) 下図

(3) $\displaystyle\lim_{n \to \infty} \dfrac{2n+1}{2n} = \lim_{n \to \infty} \left(1 + \dfrac{1}{2n}\right) = 1$

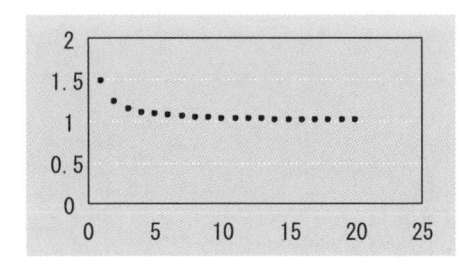

1.4 (1) $\displaystyle\lim_{n\to\infty}\frac{2n^2-1}{n^2+n+1}=\lim_{n\to\infty}\frac{2-\frac{1}{n^2}}{1+\frac{1}{n}+\frac{1}{n^2}}=2$

(2) $\displaystyle\lim_{n\to\infty}\frac{n^2+1}{(n+1)(n+2)}=\lim_{n\to\infty}\frac{1+\frac{1}{n^2}}{(1+\frac{1}{n})(1+\frac{2}{n})}=1$

(3) $\displaystyle\lim_{n\to\infty}(\sqrt{n+1}-\sqrt{n-1})=\lim_{n\to\infty}\frac{(\sqrt{n+1}-\sqrt{n-1})(\sqrt{n+1}+\sqrt{n-1})}{\sqrt{n+1}+\sqrt{n-1}}$

$\displaystyle=\lim_{n\to\infty}\frac{(n+1)-(n-1)}{\sqrt{n+1}+\sqrt{n-1}}=\lim_{n\to\infty}\frac{2}{\sqrt{n+1}+\sqrt{n-1}}=0$

(4) $\displaystyle\lim_{n\to\infty}n(\sqrt{n^2+1}-n)=\lim_{n\to\infty}\frac{n(\sqrt{n^2+1}-n)(\sqrt{n^2+1}+n)}{\sqrt{n^2+1}+n}$

$\displaystyle=\lim_{n\to\infty}\frac{n(n^2+1-n^2)}{\sqrt{n^2+1}+n}=\lim_{n\to\infty}\frac{1}{\sqrt{1+\frac{1}{n^2}}+1}=\frac{1}{2}$

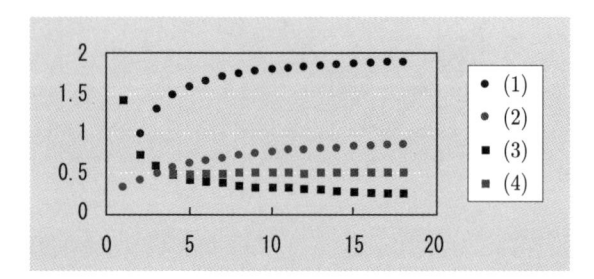

1.5 (1) $\left|\dfrac{(-1)^n}{n}\right|\leqq\dfrac{1}{n}$ だから，挟み撃ちの原理から $\displaystyle\lim_{n\to\infty}\frac{(-1)^n}{n}=0$

(2) $\displaystyle\lim_{n\to\infty}\frac{n+(-1)^n}{n+1}=\lim_{n\to\infty}\frac{1+\frac{(-1)^n}{n}}{1+\frac{1}{n}}=\frac{1+0}{1+0}=1$

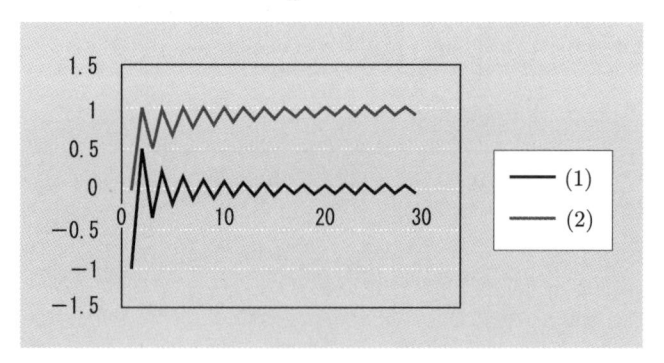

1.6 (1) $r=1+(r-1)$ だから，2項展開から，

解　答

$$r^n = (1+(r-1))^n \geqq 1 + {}_nC_1(r-1) = 1 + n(r-1)$$

(2)　$0 < \frac{1}{r^n} < \frac{1}{(r-1)n}$ だから，挟み撃ちの原理から，$\lim_{n\to\infty} \frac{1}{r^n} = 0$

(3)　$0 < |r| < 1$ のとき，$|r| = \frac{1}{h}$ とおく．$h > 1$ だから，$\lim_{n\to\infty} \frac{1}{h^n} = 0$. よって，$\lim_{n\to\infty} r^n = 0$.　　(4)　$\lim_{n\to\infty} \frac{2^n}{2^n+3^n} = \lim_{n\to\infty} \frac{\left(\frac{2}{3}\right)^n}{\left(\frac{2}{3}\right)^n + 1} = \frac{0}{0+1} = 0$

1.7　(1)　$a_{n+1} - 2 = \left(\frac{1}{2}a_n + 1\right) - 2 = \frac{1}{2}(a_n - 2)$

(2)　$a_{n+1} - 2$ は項比 $1/2$ の等比数列だから，$a_n - 2 = \left(\frac{1}{2}\right)^{n-1}(a_1 - 2) = -\frac{1}{2^{n-1}}$

(3)　$\lim_{n\to\infty} a_n = \lim_{n\to\infty} \left(2 - \frac{1}{2^{n-1}}\right) = 2$

1.8　$\lim_{n\to\infty} a_n = 3$

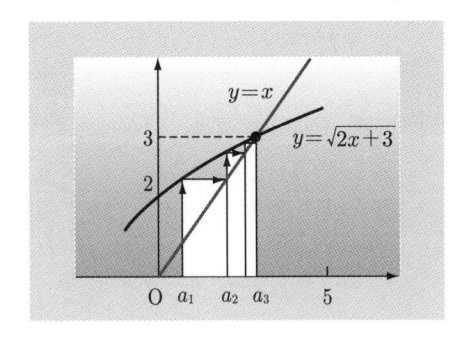

1.9　(1)　$\displaystyle\lim_{n\to\infty} \frac{n^3+1}{n^2+1} = \lim_{n\to\infty} \frac{n + \frac{1}{n^2}}{1 + \frac{1}{n^2}} = \infty$

(2)　$\displaystyle\lim_{n\to\infty} \frac{1-n^3}{n(n+2)} = \lim_{n\to\infty} \frac{\frac{1}{n^2} - n}{1 + \frac{2}{n}} = -\infty$

(3)　$\displaystyle\lim_{n\to\infty} \frac{1+(-1)^{n-1}n^2}{1+n^2} = \lim_{n\to\infty} \frac{\frac{1}{n^2} + (-1)^{n-1}}{\frac{1}{n^2}+1}$ は振動する．

(4)　$\displaystyle\lim_{n\to\infty} (n+(-1.1)^n) = \lim_{n\to\infty} 1.1^n \left(\frac{n}{1.1^n} + (-1)^n\right)$ は振動する．

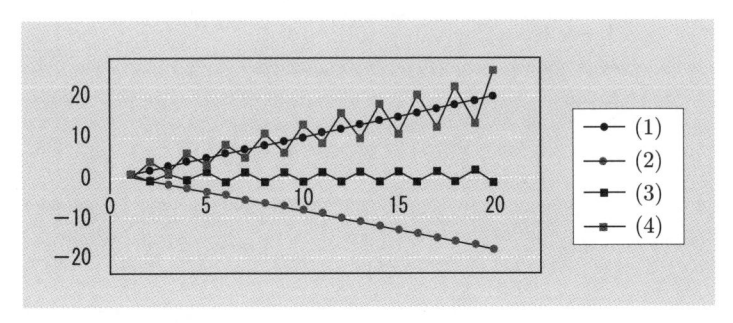

1.10 $S_1 = (-1)$, $S_2 = (-1) + (-1)^2 = 0$, $S_3 = (-1) + (-1)^2 + (-1)^3 = -1$, $S_4 = (-1) + (-1)^2 + (-1)^3 + (-1)^4 = 0$

1.11 (1) $\frac{1}{(2n-1)(2n+1)} = \frac{1}{2}\left(\frac{1}{2n-1} - \frac{1}{2n+1}\right)$ だから，第 n 部分和について

$$S_n = \frac{1}{1 \cdot 3} + \frac{1}{3 \cdot 5} + \frac{1}{5 \cdot 7} + \cdots + \frac{1}{(2n-1)(2n+1)}$$

$$= \frac{1}{2}\left(\frac{1}{1} - \frac{1}{3}\right) + \frac{1}{2}\left(\frac{1}{3} - \frac{1}{5}\right) + \frac{1}{2}\left(\frac{1}{5} - \frac{1}{7}\right) + \cdots + \frac{1}{2}\left(\frac{1}{2n-1} - \frac{1}{2n+1}\right)$$

$$= \frac{1}{2}\left(\frac{1}{1} - \frac{1}{2n+1}\right)$$

したがって，$\lim_{n \to \infty} S_n = \lim_{n \to \infty} \frac{1}{2}\left(\frac{1}{1} - \frac{1}{2n+1}\right) = \frac{1}{2}$

(2) $\frac{1}{n(n+1)(n+2)} = \frac{1}{2}\left(\frac{1}{n(n+1)} - \frac{1}{(n+1)(n+2)}\right)$ だから，第 n 部分和について

$$S_n = \frac{1}{1 \cdot 2 \cdot 3} + \frac{1}{2 \cdot 3 \cdot 4} + \frac{1}{3 \cdot 4 \cdot 5} + \cdots + \frac{1}{n(n+1)(n+2)}$$

$$= \frac{1}{2}\left(\frac{1}{1 \cdot 2} - \frac{1}{2 \cdot 3}\right) + \frac{1}{2}\left(\frac{1}{2 \cdot 3} - \frac{1}{3 \cdot 4}\right) + \frac{1}{2}\left(\frac{1}{3 \cdot 4} - \frac{1}{4 \cdot 5}\right)$$

$$+ \cdots + \frac{1}{2}\left\{\frac{1}{n(n+1)} - \frac{1}{(n+1)(n+2)}\right\}$$

$$= \frac{1}{2}\left\{\frac{1}{1 \cdot 2} - \frac{1}{(n+1)(n+2)}\right\}$$

したがって，$\lim_{n \to \infty} S_n = \lim_{n \to \infty} \frac{1}{2}\left\{\frac{1}{2} - \frac{1}{(n+1)(n+2)}\right\} = \frac{1}{4}$

1.12 (1) $\frac{1}{\sqrt{n} + \sqrt{n+1}} = \frac{-\sqrt{n} + \sqrt{n+1}}{(\sqrt{n} + \sqrt{n+1})(-\sqrt{n} + \sqrt{n+1})} = -\sqrt{n} + \sqrt{n+1}$ だから，第 n 部分和について

$$S_n = \frac{1}{\sqrt{1} + \sqrt{2}} + \frac{1}{\sqrt{2} + \sqrt{3}} + \frac{1}{\sqrt{3} + \sqrt{4}} + \cdots + \frac{1}{\sqrt{n} + \sqrt{n+1}}$$

$$= (\sqrt{2} - 1) + (\sqrt{3} - \sqrt{2}) + (\sqrt{4} - \sqrt{3}) + \cdots + (\sqrt{n+1} - \sqrt{n})$$

$$= \sqrt{n+1} - 1$$

したがって，$\lim_{n \to \infty} S_n = \infty$

(2) $\frac{1}{\sqrt{n} + \sqrt{n+1}} < \frac{1}{\sqrt{n}}$ だから

$$T_n = \frac{1}{\sqrt{1}} + \frac{1}{\sqrt{2}} + \frac{1}{\sqrt{3}} + \cdots + \frac{1}{\sqrt{n}}$$

$$> \frac{1}{\sqrt{1}+\sqrt{2}} + \frac{1}{\sqrt{2}+\sqrt{3}} + \frac{1}{\sqrt{3}+\sqrt{4}} + \cdots + \frac{1}{\sqrt{n}+\sqrt{n+1}}$$

したがって，(1) の結果から $\lim_{n\to\infty} T_n = \infty$

1.13 (1) $\sum_{n=1}^{\infty} \frac{1}{3^n} = \frac{\frac{1}{3}}{1-\frac{1}{3}} = \frac{1}{2}$, $\sum_{n=1}^{\infty} \frac{2^n}{3^n} = \frac{\frac{2}{3}}{1-\frac{2}{3}} = 2$ だから

$$\sum_{n=1}^{\infty} \frac{1+2^n}{3^n} = \frac{1}{2} + 2 = \frac{5}{2}$$

(2) 第 n 部分和について

$$\begin{array}{rccccccc}
S_n & = & 1 & + & \frac{2}{2} & + & \frac{3}{2^2} & + \cdots + & \frac{n}{2^{n-1}} \\
-) \quad \frac{1}{2}S_n & = & & & \frac{1}{2} & + & \frac{2}{2^2} & + \cdots + & \frac{n-1}{2^{n-1}} & + & \frac{n}{2^n} \\
\hline
S_n - \frac{1}{2}S_n & = & 1 & + & \frac{1}{2} & + & \frac{1}{2^2} & + \cdots + & \frac{1}{2^{n-1}} & - & \frac{n}{2^n}
\end{array}$$

よって，$S_n = 2\left(\frac{1-\frac{1}{2^n}}{1-\frac{1}{2}} - \frac{n}{2^n}\right)$. したがって，$\lim_{n\to\infty} S_n = \lim_{n\to\infty}\left(4 - \frac{4}{2^n} - \frac{2n}{2^n}\right) = 4$

1.14 もとの正三角形の面積は $S = \frac{1}{2}1^2 \sin 60° = \frac{\sqrt{3}}{4}$
1 段階の 3 個の正三角形の面積は $S_1 = 3\frac{1}{2}\left(\frac{1}{3}\right)^2 \sin 60° = \frac{\sqrt{3}}{4}\frac{1}{3}$
2 段階の 3×4 個の正三角形の面積は $S_2 = (3\times 4)\frac{1}{2}\left(\frac{1}{3^2}\right)^2 \sin 60° = \frac{\sqrt{3}}{4}\frac{4}{3^3} = S_1\frac{4}{3^2}$
3 段階の 3×4^2 個の正三角形の面積は
$S_3 = (3\times 4^2)\frac{1}{2}\left(\frac{1}{3^3}\right)^2 \sin 60° = \frac{\sqrt{3}}{4}\frac{4^2}{3^5} = S_1\left(\frac{4}{3^2}\right)^2$
したがって，求める図形の面積は

$$S + S_1 + S_2 + S_3 + \cdots = S + \frac{S_1}{1-\frac{4}{3^2}} = S + \frac{9}{5}S_1 = S + \frac{3}{5}S = \frac{8}{5}S = \frac{2\sqrt{3}}{5}$$

最初の正三角形の周の長さは $L = 3$
1 段階の図形の周の長さは $L_1 = (3\times 4)\frac{1}{3} = L\left(\frac{4}{3}\right)$
2 段階の図形の周の長さは $L_2 = \frac{4}{3}L_1 = L\left(\frac{4}{3}\right)^2$
3 段階の図形の周の長さは $L_3 = \frac{4}{3}L_2 = L\left(\frac{4}{3}\right)^3$
したがって，$\{L_n\}$ は項比が 4/3 の等比数列となるので，$\lim_{n\to\infty} L_n = \infty$

発展問題 1

「詳解演習 微分積分」(サイエンス社) を [S] と表す.
1 $\sqrt{2}$ が無理数であることを示すためには，$\sqrt{2}$ が無理数でないと仮定して矛盾を導く ([S], p.3, 例題 1.1, 問題 1.1 を参照).
2 2 項定理において，$x = 1, x = -1$ を代入する ([S], p.5, 例題 1.3, 問題 1.6 を参照).

3 $1 + \frac{1}{2} + \frac{1}{3} + \cdots = \infty$ ([S], p.118, 問題 8.7 を参照)

4 数列は単調増加だから, $\sqrt{2}^\alpha = \alpha$ となる正の数 α に収束する. よって $\alpha = 2$ (下図左). ([S], p.50, 例題 5.5; p.51, 問 5.4 を参照).

5 下図右を見ると, $a \leq 1.4$ のとき収束, $a \geq 1.5$ のとき発散 ([S], p.50, 例題 5.5 を参照)

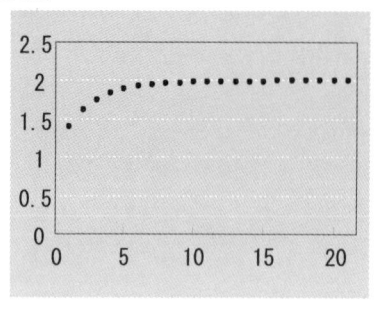

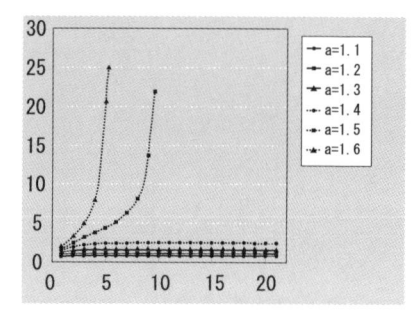

6 ([S], p.13, 問題 3.2 を参照)

7 下図のように数列は激しく振動する.

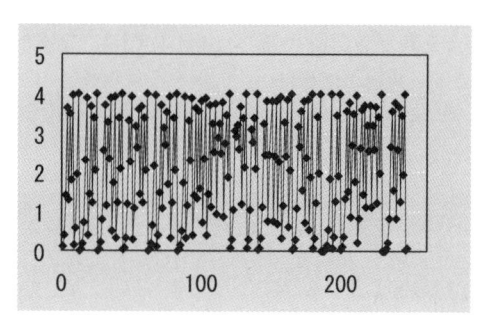

8 ([S], p.17, 例題 4.3 を参照)

第2章

問題

2.1 (1) $\lim_{x \to 0} \dfrac{x-2}{x^2-4} = \dfrac{0-2}{0-4} = \dfrac{1}{2}$ (2) $\lim_{x \to 2} \dfrac{x-2}{x^2-4} = \lim_{x \to 2} \dfrac{x-2}{(x-2)(x+2)} = \lim_{x \to 2} \dfrac{1}{x+2} = \dfrac{1}{4}$ (3) $\lim_{x \to 1} \dfrac{x^3+1}{x+1} = \dfrac{1^3+1}{1+1} = 1$ (4) $\lim_{x \to -1} \dfrac{x^3+1}{x+1} = \lim_{x \to -1} \dfrac{(x+1)(x^2-x+1)}{x+1} = \lim_{x \to -1}(x^2-x+1) = 1+1+1 = 3$

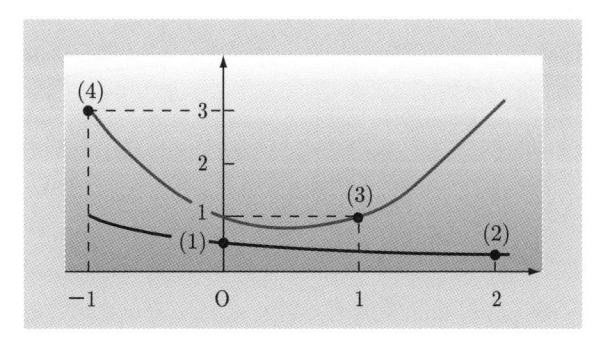

2.2 (1) $\displaystyle\lim_{x\to 1}\frac{x-1}{x^2-1}=\lim_{x\to 1}\frac{x-1}{(x-1)(x+1)}=\lim_{x\to 1}\frac{1}{x+1}=\frac{1}{2}$

(2) $\displaystyle\lim_{x\to 2}\frac{\sqrt{x+2}-2}{x-2}=\lim_{x\to 2}\frac{(\sqrt{x+2}-2)(\sqrt{x+2}+2)}{(x-2)(\sqrt{x+2}+2)}$

$\displaystyle=\lim_{x\to 2}\frac{(x+2)-4}{(x-2)(\sqrt{x+2}+2)}=\lim_{x\to 2}\frac{1}{\sqrt{x+2}+2}=\frac{1}{4}$ (3) $\displaystyle\lim_{x\to 1+0}\frac{x}{x-1}=\infty$

(4) $\displaystyle\lim_{x\to 1-0}\frac{x}{x-1}=-\infty$ (5) $\displaystyle\lim_{x\to\infty}\frac{x^2-1}{x^2+1}=\lim_{x\to\infty}\frac{1-\frac{1}{x^2}}{1+\frac{1}{x^2}}=1$

(6) $x=-y$ と変換すると

$$\lim_{x\to -\infty}\frac{\sqrt{x^2-x+1}+x}{x}=\lim_{y\to\infty}\frac{\sqrt{y^2+y+1}-y}{-y}$$

$$=\lim_{y\to\infty}\left(-\sqrt{1+\frac{1}{y}+\frac{1}{y^2}}+1\right)=-1+1=0$$

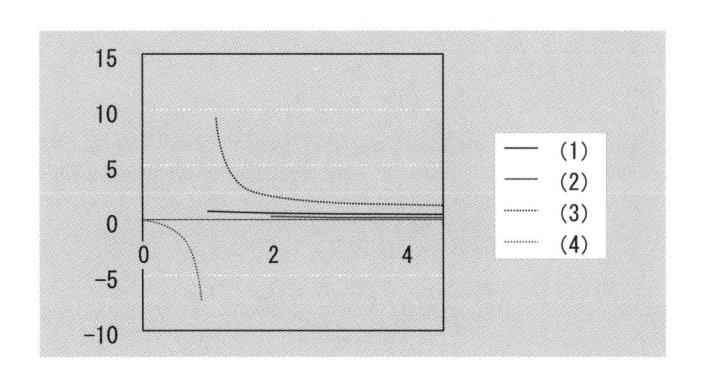

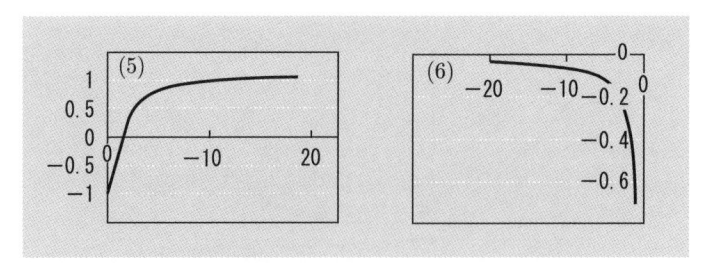

2.3 $\lim_{x\to 2}(x^2+ax+b)=\lim_{x\to 2}\frac{x^2+ax+b}{x-2}(x-2)=1\times 0=0$ だから, $2^2+2a+b=0$. そこで, $b=-4-2a$ を与式に代入すると

$$\lim_{x\to 2}\frac{x^2+ax+b}{x-2}=\lim_{x\to 2}\frac{x^2+ax-4-2a}{x-2}=\lim_{x\to 2}\frac{(x-2)(x+(a+2))}{x-2}$$
$$=\lim_{x\to 2}(x+(a+2))=2+(a+2)$$

よって, $2+(a+2)=1$ となるので, $a=-3$. さらに, $b=-4+6=2$.

2.4 $f(-1)=3(-1)(-3)(-5)+1=-44<0$, $f(0)=1>0$

$$f(1)=3(-1)(-3)+1=10>0, \quad f(2)=1>0$$
$$f(3)=3\cdot 3(1)(-1)+1=-8<0, \quad f(4)=1>0$$

だから, 中間値の定理から
$f(c_1)=0\ (-1<c_1<0)$; $f(c_2)=0\ (2<c_2<3)$; $f(c_3)=0\ (3<c_3<4)$
となる c_1, c_2, c_3 が存在する. 解は3つだから, これらが求める解である.

2.5

k	$k<-3$	$k=-3$	$-3<k<1$	$1\leq k<5$	$k=5$	$k>5$
解の個数	0	1	2	4	2	0

2.6 (1) $\lim_{h\to 0}\frac{2(x+h)-2x}{h}=\lim_{h\to 0}\frac{2h}{h}=2$

(2) $\lim_{h\to 0}\frac{\{(x+h)^2-3(x+h)+1\}-(x^2-3x+1)}{h}=\lim_{h\to 0}\frac{2xh+h^2-3h}{h}$

$=2x-3$ (3) $\lim_{h\to 0}\frac{\sqrt{(x+h)+1}-\sqrt{x+1}}{h}$

$=\lim_{h\to 0}\frac{(\sqrt{(x+h)+1}-\sqrt{x+1})(\sqrt{(x+h)+1}+\sqrt{x+1})}{h(\sqrt{(x+h)+1}+\sqrt{x+1})}$

$=\lim_{h\to 0}\frac{(x+h)+1-(x+1)}{h(\sqrt{(x+h)+1}+\sqrt{x+1})}=\lim_{h\to 0}\frac{1}{\sqrt{(x+h)+1}+\sqrt{x+1}}=\frac{1}{2\sqrt{x+1}}$

(4) $\displaystyle\lim_{h\to 0}\frac{\frac{1}{(x+h)+1}-\frac{1}{x+1}}{h}=\lim_{h\to 0}\frac{-1}{(x+h+1)(x+1)}=\frac{-1}{(x+1)^2}$

2.7 (1) $aS_n = a^{n+1}+a^n b+a^{n-1}b^2+\cdots+a^2 b^{n-1}+ab^n$
$bS_n = a^n b+a^{n-1}b^2+a^{n-2}b^3+\cdots+ab^n+b^{n+1}$, $aS_n - bS_n = a^{n+1}-b^{n+1}$

(2) (1) から $x^{n-1}+x^{n-2}a+x^{n-3}a^2+\cdots+xa^{n-2}+a^{n-1}=\frac{x^n-a^n}{x-a}$. よって,

$$\lim_{x\to a}\frac{x^n-a^n}{x-a}=\lim_{x\to a}\left(x^{n-1}+x^{n-2}a+x^{n-3}a^2+\cdots+xa^{n-2}+a^{n-1}\right)=na^{n-1}$$

2.8 $\displaystyle\lim_{x\to 0}\frac{|x|-|0|}{x-0}=\lim_{x\to 0}\frac{|x|}{x}=(*)$ が存在しないことを示そう. 実際,

$$\lim_{x\to +0}\frac{|x|}{x}=\lim_{x\to +0}\frac{x}{x}=1,\quad \lim_{x\to -0}\frac{|x|}{x}=\lim_{x\to -0}\frac{-x}{x}=-1$$

この 2 つの極限値が一致しないので, $(*)$ は存在しない. したがって, $x=0$ で微分可能でない.

2.9 $f(1)=\displaystyle\lim_{x\to 1+0}(x^2+1)=\lim_{x\to 1-0}(ax+b)$ だから

$$f(1)=2=a+b \quad \cdots\cdots ①$$

さらに, $\displaystyle\lim_{x\to 1+0}\frac{f(x)-f(1)}{x-1}=\lim_{x\to 1+0}\frac{x^2-1}{x-1}=\lim_{x\to 1+0}(x+1)=2$,
$\displaystyle\lim_{x\to 1-0}\frac{f(x)-f(1)}{x-1}=\lim_{x\to 1-0}\frac{(ax+b)-(a+b)}{x-1}=a$

この 2 つの極限値が一致するので, $a=2$. このとき, ① から, $b=0$ となる.

2.10 (1) $4x^3+2x$ (2) $(2x-1)(x^2+x+1)+(x^2-x+1)(2x+1)=2x(2x^2+2)-2x=4x^3+2x$ (3) $1-x^{-2}$ (4) $\frac{1\cdot(x+1)-(x-1)\cdot 1}{(x+1)^2}=\frac{2}{(x+1)^2}$

2.11 $f(x)g(x)h(x)=\{f(x)g(x)\}h(x)$ とすると

$$\begin{aligned}(f(x)g(x)h(x))' &= (f(x)g(x))'h(x)+(f(x)g(x))h'(x)\\ &=\{f'(x)g(x)+f(x)g'(x)\}h(x)+f(x)g(x)h'(x)\\ &= f'(x)g(x)h(x)+f(x)g'(x)h(x)+f(x)g(x)h'(x)\end{aligned}$$

2.12 (1) $u=2x+1$ とおくと, $y=(2x+1)^2=u^2$. このとき,

$$\frac{dy}{du}=2u,\quad \frac{du}{dx}=2$$

であるから, 合成関数の微分法により,

$$\frac{dy}{dx}=\frac{dy}{du}\frac{du}{dx}=2u\times 2=4u=4(2x+1)$$

(2) $u = 3x - 1$ とおくと, $y = (3x-1)^3 = u^3$. このとき,
$$\frac{dy}{dx} = \frac{dy}{du}\frac{du}{dx} = 3u^2 \times 3 = 9u^2 = 9(3x-1)^2$$

(3) $u = x^2 + 1$ とおくと, $y = (x^2+1)^2 = u^2$. このとき,
$$\frac{dy}{dx} = \frac{dy}{du}\frac{du}{dx} = 2u \times 2x = 4xu = 4x(x^2+1)$$

(4) $u = \frac{x-1}{x+1}$ とおくと, $y = \left(\frac{x-1}{x+1}\right)^2 = u^2$. このとき,
$$\frac{dy}{dx} = \frac{dy}{du}\frac{du}{dx} = 2u \times \frac{(x+1)-(x-1)}{(x+1)^2} = 2u\frac{2}{(x+1)^2} = \frac{4(x-1)}{(x+1)^3}$$

2.13 $(f(-x))' = -f'(-x)$ に注意する.
(1) $f(x) = f(-x)$ の両辺を微分すると, $f'(x) = -f'(-x)$ となる. このとき, $f'(x)$ は奇関数である. ここで, $x=0$ とおけば, $f'(0) = -f'(0)$ となるので, $f'(0) = 0$.
(2) $f(x) = -f(-x)$ の両辺を微分すると, $f'(x) = -\{-f'(-x)\} = f'(-x)$ となる. このとき, $f'(x)$ は偶関数である.

2.14 $y = f(x)$ のグラフ上の点を (p,q) とする. 点 (p,q) の直線 $y=x$ に関する対称な点は (q,p) である. $p = f^{-1}(q)$ に注意すると, 点 (q,p) は曲線 $y = f^{-1}(x)$ 上にある. したがって, 曲線 $y = f(x)$ を直線 $y = x$ に関して対称移動した曲線は $y = f^{-1}(x)$ と一致する.

2.15 (1) $y = x^2 + 1$ を x について解くと, $x \geqq 0$ から, $x = \sqrt{y-1}$. よって, 逆関数は $y = \sqrt{x-1}$ ($x \geqq 1$).
(2) $q = p^2 + 1$ ($p \geqq 0$) とすると, $p = \sqrt{q-1}$. 定理 2.7 (3) から
$$\left(f^{-1}(q)\right)' = \frac{1}{f'(p)} = \frac{1}{2p} = \frac{1}{2\sqrt{q-1}}$$
したがって, $\left(f^{-1}(x)\right)' = \frac{1}{2\sqrt{x-1}}$.

2.16 (1) $\left(\frac{1}{\sqrt{x}}\right)' = (x^{-\frac{1}{2}})' = \left(-\frac{1}{2}\right)x^{(-\frac{1}{2})-1} = -\frac{1}{2}x^{-\frac{3}{2}} = \frac{-1}{2\sqrt{x^3}}$

(2) $\left(\sqrt{2x+1}\right)' = \frac{(2x+1)'}{2\sqrt{2x+1}} = \frac{2}{2\sqrt{2x+1}} = \frac{1}{\sqrt{2x+1}}$

(3) $\left(\sqrt[3]{x}\right)' = (x^{\frac{1}{3}})' = \frac{1}{3}x^{\frac{1}{3}-1} = \frac{1}{3}x^{-\frac{2}{3}} = \frac{1}{3\sqrt[3]{x^2}}$

(4) $\left(\sqrt{x^2-2x+2}\right)' = \frac{(x^2-2x+2)'}{2\sqrt{x^2-2x+2}} = \frac{2x-2}{2\sqrt{x^2-2x+2}} = \frac{x-1}{\sqrt{x^2-2x+2}}$

2.17 $1 - \frac{y}{n} = \frac{n-y}{n} = \left(\frac{n}{n-y}\right)^{-1} = \left(1 + \frac{y}{n-y}\right)^{-1}$ だから, $y \neq 0$ のとき,

$$\lim_{n\to\infty}\left(1-\frac{y}{n}\right)^n = \lim_{n\to\infty}\left(\left(1+\frac{y}{n-y}\right)^{\frac{n-y}{y}}\right)^{(-y)\frac{n}{n-y}} = e^{-y}$$

$y=0$ のときには明らかに成り立つ．

2.18 $1+\dfrac{1}{1!}+\dfrac{1}{2!}+\cdots+\dfrac{1}{n!}+\cdots = e$

2.19 $\lim_{n\to\infty}(1+1/n)^n = e$

2.20 (1) $\log(e^2) = 2\log e = 2$

(2) $e^{\log 2} = 2$

(3) $\log_{e^{-1}} e = \dfrac{\log e}{\log e^{-1}} = \dfrac{1}{-1} = -1$ (4) $\log_8 16 = \dfrac{\log 16}{\log 8} = \dfrac{4\log 2}{3\log 2} = \dfrac{4}{3}$

(5) 3 (6) $\log_2(\sqrt{2}+1)(\sqrt{2}-1) = \log_2 1 = 0$

2.21 (1) $(e^{2x})' = 2e^{2x}$ (2) $(e^x + e^{-x})' = e^x - e^{-x}$

(3) $(xe^x)' = e^x + xe^x$ (4) $\left(\dfrac{e^x-1}{e^x+1}\right)' = \dfrac{(e^x-1)'(e^x+1)-(e^x-1)(e^x+1)'}{(e^x+1)^2}$

$= \dfrac{e^x(e^x+1)-(e^x-1)e^x}{(e^x+1)^2} = \dfrac{2e^x}{(e^x+1)^2}$

2.22 (1) $(\log(2x))' = (\log 2 + \log x)' = \dfrac{1}{x}$

(2) $x>0$ のとき，$(\log|x|)' = (\log x)' = \dfrac{1}{x}$;

$x<0$ のとき，$(\log|x|)' = (\log(-x))' = \dfrac{(-x)'}{-x} = \dfrac{1}{x}$．よって，$(\log|x|)' = \dfrac{1}{x}$

(3) $(x\log x)' = \log x + x \times \dfrac{1}{x} = \log x + 1$

(4) $\left(\log\dfrac{x}{x+1}\right)' = (\log|x|-\log|x+1|)' = \dfrac{1}{x}-\dfrac{1}{x+1} = \dfrac{1}{x(x+1)}$

2.23 (1) $A = a^x$ とおくと $\log A = x\log a$．よって，$A = e^{x\log a}$．

(2) $(a^x)' = (e^{x\log a})' = e^{x\log a} \times (\log a) = a^x \log a$

2.24 $f(x)>0$ のとき，$(\log|f(x)|)' = (\log f(x))' = \dfrac{f'(x)}{f(x)}$;

$f(x)<0$ のとき，$(\log|f(x)|)' = (\log(-f(x)))' = \dfrac{(-f(x))'}{-f(x)} = \dfrac{f'(x)}{f(x)}$

よって，$(\log|f(x)|)' = \dfrac{f'(x)}{f(x)}$

2.25 (1) $\log\left|\dfrac{(x+1)(x+3)}{(x+2)^2}\right| = \log|x+1| + \log|x+3| - 2\log|x+2|$

(2) $\left(\log\left|\dfrac{(x+1)(x+3)}{(x+2)^2}\right|\right)' = (\log|x+1| + \log|x+3| - 2\log|x+2|)'$
$= \dfrac{1}{x+1} + \dfrac{1}{x+3} - 2\dfrac{1}{x+2} = \dfrac{2}{(x+1)(x+2)(x+3)}$

(3) $\dfrac{y'}{y} = \dfrac{2}{(x+1)(x+2)(x+3)}$ だから, $y' = y \times \dfrac{2}{(x+1)(x+2)(x+3)} = \dfrac{2}{(x+2)^3}$

2.26 (1) $y = 2^{-x}$ とおくと, $\log y = -x\log 2$. この両辺を x で微分すると $y'/y = -\log 2$. よって, $y' = (-\log 2)y = (-\log 2)2^{-x}$.

(2) $y = x^{\sqrt{x}}$ とおくと, $\log y = \sqrt{x}\log x$. この両辺を x で微分すると, $\dfrac{y'}{y} = \dfrac{1}{2\sqrt{x}}\log x + \sqrt{x}\dfrac{1}{x}$. よって, $y' = y\left(\dfrac{1}{2\sqrt{x}}\log x + \dfrac{1}{\sqrt{x}}\right) = \dfrac{x^{\sqrt{x}}(\log x + 2)}{2\sqrt{x}}$.

(3) $y = \dfrac{x(x+1)^2}{(x+2)^3}$ とおくと, $\log|y| = \log|x| + 2\log|x+1| - 3\log|x+2|$. この両辺を x で微分すると, $\dfrac{y'}{y} = \dfrac{1}{x} + 2\dfrac{1}{x+1} - 3\dfrac{1}{x+2} = \dfrac{2(2x+1)}{x(x+1)(x+2)}$. よって, $y' = y \times \dfrac{2(2x+1)}{x(x+1)(x+2)} = \dfrac{2(2x+1)(x+1)}{(x+2)^4}$.

2.27 $f(2) = f(1+1) = f(1)f(1) = a^2$, $f(3) = f(1+2) = f(1)f(2) = f(1)f(1)f(1) = aaa = a^3, \ldots$

(i) n が自然数のとき, $f(n) = f(1+1+\cdots+1) = f(1)f(1)\cdots f(1) = aa\cdots a = a^n$
さらに, $f(1) = f(\frac{1}{n} + \frac{1}{n} + \cdots + \frac{1}{n}) = f(\frac{1}{n})f(\frac{1}{n})\cdots f(\frac{1}{n}) = \{f(\frac{1}{n})\}^n$
よって, $f(\frac{1}{n}) = a^{\frac{1}{n}}$.

(ii) m, n が自然数のとき, $f(\frac{m}{n}) = f(m \times \frac{1}{n}) = \{f(\frac{1}{n})\}^m = \{a^{\frac{1}{n}}\}^m = a^{\frac{m}{n}}$

(iii) $x > 0$ のとき, x を有理数で近似すれば, $f(x) = a^x$ が示される.
$f(1) = f(1+0) = f(1)f(0)$ で $f(1) = a > 0$ だから, $f(0) = 1$. よって, $f(0) = f(x-x) = f(x)f(-x) = a^x f(-x)$ だから, $f(-x) = a^{-x}$. したがって, すべての実数 x に対して, $f(x) = a^x$ となり, (iv) が示される.

2.28

度	0°	30°	45°	60°	90°	120°	180°	210°	270°	300°	360°
ラジアン	0	$\frac{\pi}{6}$	$\frac{\pi}{4}$	$\frac{\pi}{3}$	$\frac{\pi}{2}$	$\frac{2\pi}{3}$	π	$\frac{7\pi}{6}$	$\frac{3\pi}{2}$	$\frac{5\pi}{3}$	2π
$\cos\theta$	1	$\frac{\sqrt{3}}{2}$	$\frac{\sqrt{2}}{2}$	$\frac{1}{2}$	0	$-\frac{1}{2}$	-1	$-\frac{\sqrt{3}}{2}$	0	$\frac{1}{2}$	1
$\sin\theta$	0	$\frac{1}{2}$	$\frac{\sqrt{2}}{2}$	$\frac{\sqrt{3}}{2}$	1	$\frac{\sqrt{3}}{2}$	0	$-\frac{1}{2}$	-1	$-\frac{\sqrt{3}}{2}$	0

2.29 (1) $\cos 780° = \cos(720° + 60°) = \cos 60° = 1/2$ (2) $\sin 780° = \sin(720° + 60°) = \sin 60° = \sqrt{3}/2$ (3) $\tan 780° = \tan(720° + 60°) = \tan 60° = \sqrt{3}$ (4) $\cos(-\pi/4) = \sqrt{2}/2$ (5) $\sin(-\pi/4) = -\sqrt{2}/2$

(6) $\tan(-\pi/4) = -1$

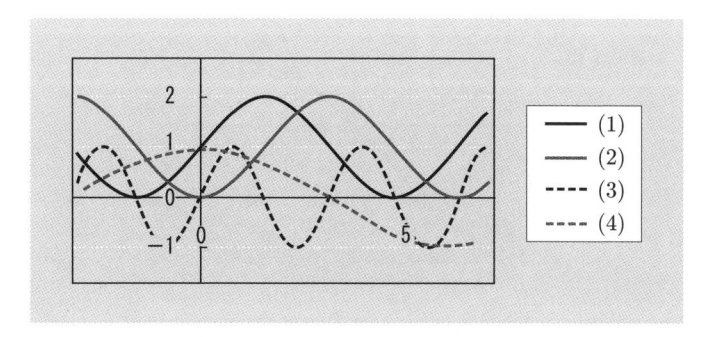

2.30

2.31 (1) $\sin 2\theta = \sin(\theta+\theta) = \sin\theta\cos\theta + \cos\theta\sin\theta = 2\sin\theta\cos\theta$
(2) $\cos 2\theta = \cos(\theta+\theta) = \cos\theta\cos\theta - \sin\theta\sin\theta = \cos^2\theta - \sin^2\theta$
(3) $\sin 3\theta = \sin(2\theta+\theta) = \sin 2\theta\cos\theta + \cos 2\theta\sin\theta = 2\sin\theta\cos^2\theta + (\cos^2\theta - \sin^2\theta)\sin\theta = 2\sin\theta(1-\sin^2\theta) + (1-2\sin^2\theta)\sin\theta = 3\sin\theta - 4\sin^3\theta$
(4) $\cos 3\theta = \cos(2\theta+\theta) = \cos 2\theta\cos\theta - \sin 2\theta\sin\theta = (\cos^2\theta - \sin^2\theta)\cos\theta - 2\sin^2\theta\cos\theta = (2\cos^2\theta - 1)\cos\theta - 2(1-\cos^2\theta)\cos\theta = 4\cos^3\theta - 3\cos\theta$

2.32 (1) $(\sin x + \cos x)^2 = \sin^2 x + \cos^2 x + 2\sin x\cos x = 1 + \sin 2x$
(2) $\left(\sin\frac{\pi}{12} + \cos\frac{\pi}{12}\right)^2 = 1 + \sin\frac{\pi}{6} = \frac{3}{2}$, $\sin\frac{\pi}{12} + \cos\frac{\pi}{12} > 0$ だから, $\sin\frac{\pi}{12} + \cos\frac{\pi}{12} = \frac{\sqrt{6}}{2}$

2.33 (1) $\lim_{x\to 0}\frac{\sin 2x}{x} = 2\lim_{x\to 0}\frac{\sin 2x}{2x} = 2$
(2) $\lim_{x\to 0}\frac{1-\cos x}{x^2} = \lim_{x\to 0}\frac{(1-\cos x)(1+\cos x)}{x^2(1+\cos x)} = \lim_{x\to 0}\left(\frac{\sin x}{x}\right)^2\frac{1}{(1+\cos x)} = \frac{1}{2}$
(3) $0 \leq \left|x\sin\frac{1}{x}\right| \leq |x|$ だから, 挟み撃ちの原理から $\lim_{x\to 0}x\sin\frac{1}{x} = 0$
(4) $x = \frac{1}{y}$ とおくと $\lim_{x\to\infty}x\sin\frac{1}{x} = \lim_{y\to +0}\frac{\sin y}{y} = 1$

2.34 (1) $(\sin 2x)' = 2\cos 2x$
(2) $(\cos^2 x)' = 2\cos x(\cos x)' = -2\cos x\sin x = -\sin 2x$
(3) $\left(\frac{\cos x}{\sin x}\right)' = \frac{(\cos x)'\sin x - \cos x(\sin x)'}{\sin^2 x} = \frac{-\sin^2 x - \cos^2 x}{\sin^2 x} = \frac{-1}{\sin^2 x}$
(4) $\left(\frac{\sin x}{\cos x + \sin x}\right)' = \frac{(\sin x)'(\cos x + \sin x) - \sin x(\cos x + \sin x)'}{(\cos x + \sin x)^2}$
$= \frac{\cos^2 x + \sin^2 x}{(\cos x + \sin x)^2} = \frac{1}{(\cos x + \sin x)^2}$

2.35

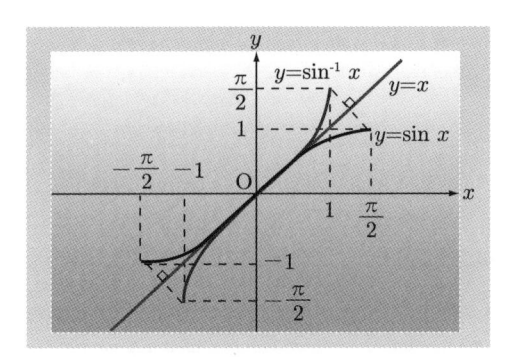

2.36 (1) $\cos^{-1} 0 = \dfrac{\pi}{2}$ (2) $\sin^{-1} \dfrac{1}{2} = \dfrac{\pi}{6}$ (3) $\tan^{-1} 0 = 0$
(4) $\tan^{-1} 1 = \dfrac{\pi}{4}$

2.37 (1) $(\cos^{-1} 2x)' = -\dfrac{2}{\sqrt{1-(2x)^2}}$

(2) $(\cos^{-1} x + \sin^{-1} x)' = -\dfrac{1}{\sqrt{1-x^2}} + \dfrac{1}{\sqrt{1-x^2}} = 0$

(3) $(x \sin^{-1} x)' = \sin^{-1} x + \dfrac{x}{\sqrt{1-x^2}}$

(4) $(x \tan^{-1} x - \log \sqrt{1+x^2})' = \tan^{-1} x + \dfrac{x}{1+x^2} - \dfrac{x}{1+x^2} = \tan^{-1} x$

2.38 $\cos^{-1} x = \alpha$ $(0 \leqq \alpha \leqq \pi)$, $\sin^{-1} x = \beta$ $(-\frac{\pi}{2} \leqq \beta \leqq \frac{\pi}{2})$ とおくと, $\cos \alpha = x = \sin \beta$. $\cos \alpha = \sin\left(\frac{\pi}{2} - \alpha\right) = \sin \beta$ だから, $\frac{\pi}{2} - \alpha = \beta$ である. よって, $\cos^{-1} x + \sin^{-1} x = \alpha + \beta = \frac{\pi}{2}$.

発展問題 2

「詳解演習 微分積分」を [S] で表す.

1 (1) $2f'(x)$ (2) 0 (3) $2f'(x)$
(4) $f''(x)$ ([S], p.26, 例題 1.2, 問題 1.4 を参照)

2 $f(x) = 1 + x^2$ $(x \neq 0)$; $f(0) = 0$. よって, $f(x)$ は原点以外で連続, 原点では不連続である.

3 $F(x) = f(x) - x$ とおくと, $F(0)F(1) \leqq 0$ より, 中間値の定理を適用する.

4 ([S], p.23, 例題 5.3 を参照)

5 $(\tanh x)' = \dfrac{(\sinh x)' \cosh x - \sinh x (\cosh x)'}{(\cosh x)^2} = \dfrac{1}{\cosh^2 x}$

6 (1) 数学的帰納法で示す.
(2) (1) の不等式において $a = \frac{1}{n^2}$ とおいた左辺の不等式を変形すると $a_{n-1} < a_n$ が示される.　　(3) (2) と同様に, 右辺の不等式を変形すると $b_n < b_{n-1}$ が示される.　　(4) $b_n = a_n(1 + \frac{1}{n})$ を利用する.　　(5) $e = \lim_{n \to \infty} (1 + \frac{1}{n})^n$ と (4) から示される.

7 $x \geqq 0$ のとき, $\lim_{n \to \infty} f_n(x) = \dfrac{-1 + \sqrt{5}}{2} = 0.61803\cdots$

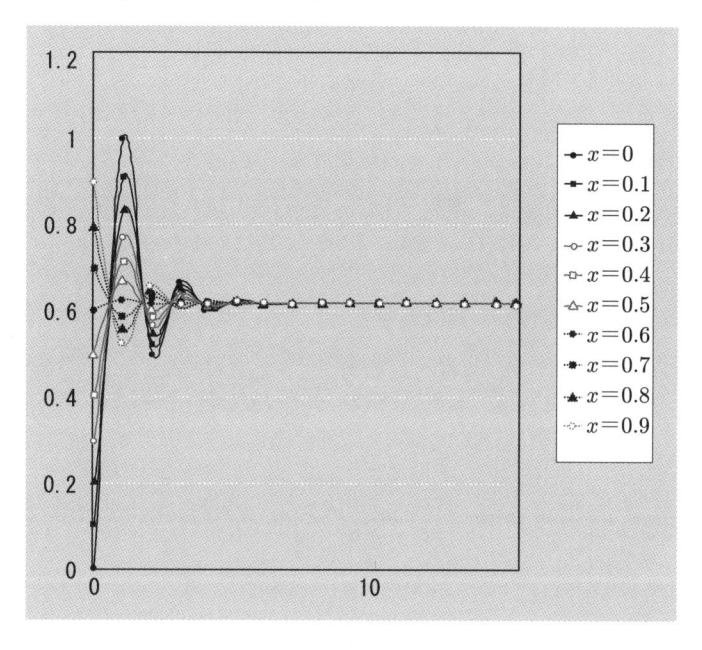

8

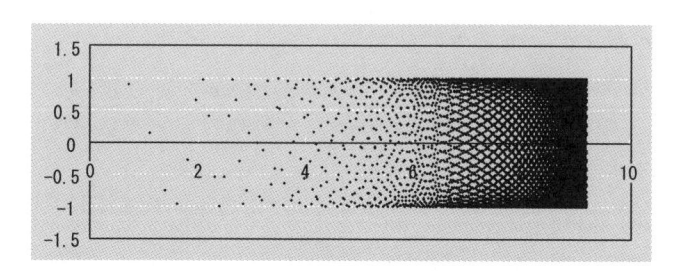

第3章

問題

3.1 (1)　$y' = 2x - 3$ だから，接線の方程式は
$$y = (2-3)(x-1) - 2 = -x - 1$$

(2)　$x = a$ における接線の方程式は
$$y = (2a-3)(x-a) + (a^2 - 3a) = (2a-3)x - a^2$$

これが点 $(1, -11)$ を通るので，$-11 = (2a-3) - a^2$．よって，$a^2 - 2a - 8 = 0$．これを解くと $a = -2, 4$．$a = -2$ のとき，$y = -7x - 4$; $a = 4$ のとき，$y = 5x - 16$

3.2　平均値の定理において $f(a) = f(b)$ とすると $f'(c) = \dfrac{f(b) - f(a)}{b - a} = 0$

3.3　区間 $[a, x]$ において，関数 $F(x) = g(x) - f(x)$ に平均値の定理を適用すると $F(x) - F(a) = F'(c)(x - a) = 0$．そこで，$F(x) = F(a) = C$ とおくと，$g(x) - f(x) = C$．

3.4 (1)　$f(x) = x, g(x) = x^2$ とおくと
$$\lim_{x \to 2} \frac{x - 2}{x^2 - 4} = \lim_{x \to 2} \frac{f(x) - f(2)}{g(x) - g(2)} = \lim_{x \to 2} \frac{f'(x)}{g'(x)} = \lim_{x \to 2} \frac{1}{2x} = \frac{1}{4}$$

(2)　$f(x) = 1 - \cos x, g(x) = x^2$ とおくと
$$\lim_{x \to 0} \frac{1 - \cos x}{x^2} = \lim_{x \to 0} \frac{f(x) - f(0)}{g(x) - g(0)} = \lim_{x \to 0} \frac{f'(x)}{g'(x)} = \lim_{x \to 0} \frac{\sin x}{2x} = \frac{1}{2}$$

(3)　$f(x) = \log x, g(x) = x$ とおくと
$$\lim_{x \to 1} \frac{\log x}{x - 1} = \lim_{x \to 1} \frac{f(x) - f(1)}{g(x) - g(1)} = \lim_{x \to 1} \frac{f'(x)}{g'(x)} = \lim_{x \to 1} \frac{\frac{1}{x}}{1} = 1$$

(4)　$f(x) = e^x + e^{-x}, g(x) = x^2$ とおくと
$$\lim_{x \to 0} \frac{e^x + e^{-x} - 2}{x^2} = \lim_{x \to 0} \frac{f(x) - f(0)}{g(x) - g(0)} = \lim_{x \to 0} \frac{f'(x)}{g'(x)} = \lim_{x \to 0} \frac{e^x - e^{-x}}{2x} = (*)$$

続けてロピタルの定理を適用すると
$$(*) = \lim_{x \to 0} \frac{e^x - e^{-x}}{2x} = \lim_{x \to 0} \frac{(e^x - e^{-x})'}{(2x)'} = \lim_{x \to 0} \frac{e^x + e^{-x}}{2} = 1$$

3.5 (1) 0　　(2) 1　　(3) 1　　(4) 0

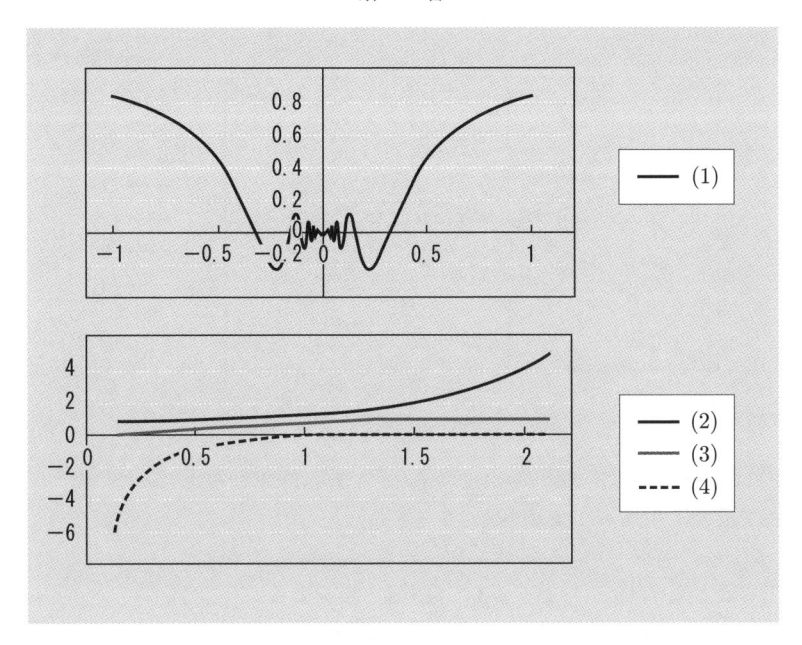

3.6 (1) $f'(x) = 2 - 2x = -2(x-1)$ だから，$x = 1$ で極大値 $f(1) = 1$ をとる．
(2) $f(x) = |x(2-x)|$ のグラフから，$x = 1$ で極大値 $f(1) = 1$; $x = 0, 2$ で極小値 0 をとる．
(3) $f'(x) = 4x - 4x^3 = -4x(x-1)(x+1)$ より，増減表を作ると

x		-1		0		1	
$f'(x)$	$+$	0	$-$	0	$+$	0	$-$
$f(x)$	↗	1 極大値	↘	0 極小値	↗	1 極大値	↘

$x = 1$ で極大値 $f(1) = 1$; $x = -1$ で極大値 $f(-1) = 1$; $x = 0$ で極小値 0 をとる．
(4) $f'(x) = e^{-x} + x(-e^{-x}) = -(x-1)e^{-x}$ だから，$x = 1$ で極大値 $f(1) = e^{-1}$ をとる．

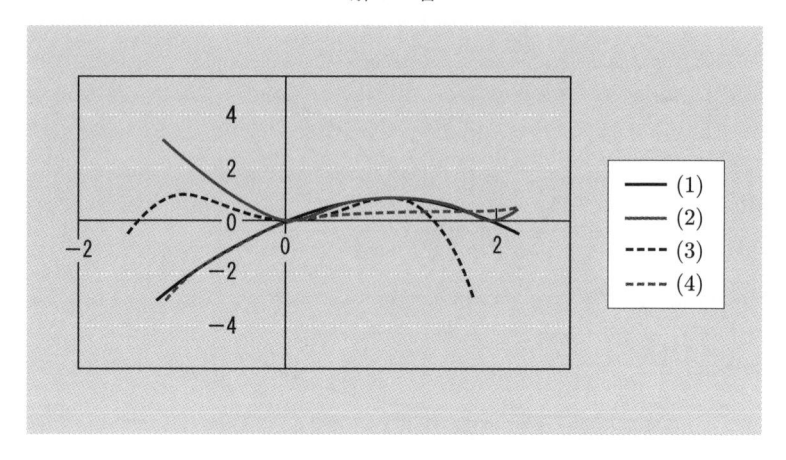

3.7 (1) $f'(x) = 4 - 4x^3 = -4(x-1)(x^2+x+1)$ だから，
$x = 1$ で最大値 3; $x = 2$ で最小値 -8 をとる.
(2) $f'(x) = \frac{(x+1)'(x^2+3) - (x+1)(x^2+3)'}{(x^2+3)^2} = \frac{-(x-1)(x+3)}{(x^2+3)^2}$ だから，
$x = 1$ で最大値 $f(1) = \frac{1}{2}$; $x = -3$ で最小値 $\frac{-1}{6}$ をとる.
(3) $f'(x) = 2x \log x + x = x(2\log x + 1)$ だから，
$x = e^{-\frac{1}{2}}$ で最小値 $\frac{-1}{2e}$; $x = e$ で最大値 e^2 をとる.
(4) $f'(x) = 3\cos x + 3\cos 3x = 6\cos 2x \cos x$ だから，
$x = \frac{\pi}{4}$ で最大値 $2\sqrt{2}$; $x = 0$ で最小値 0 をとる.

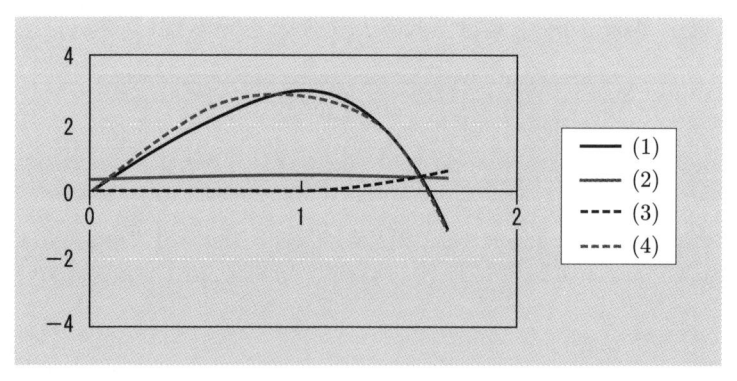

3.8 (1) $f(x) = x^n$ とすると
$f'(x) = nx^{n-1}$, $f''(x) = n(n-1)x^{n-2}$, $f'''(x) = n(n-1)(n-2)x^{n-3}$
(2) $f(x) = e^{-x}$ とすると
$f'(x) = (-1)e^{-x}$, $f''(x) = (-1)^2 e^{-x} = e^{-x}$, $f'''(x) = (-1)^3 e^{-x} = -e^{-x}$

解　答

(3) $f(x) = \sqrt{x+1} = (x+1)^{\frac{1}{2}}$ とすると
$f'(x) = \frac{1}{2}(x+1)^{\frac{1}{2}-1} = \frac{1}{2}(x+1)^{\frac{-1}{2}}$, $f''(x) = \frac{1}{2}\frac{-1}{2}(x+1)^{\frac{-1}{2}-1} = \frac{-1}{4}(x+1)^{\frac{-3}{2}}$,
$f'''(x) = \frac{-1}{4}\frac{-3}{2}(x+1)^{\frac{-3}{2}-1} = \frac{3}{8}(x+1)^{\frac{-5}{2}}$

(4) $f(x) = \cos x$ とすると
$f'(x) = -\sin x$, $f''(x) = -\cos x$, $f'''(x) = -(-\sin x) = \sin x$

3.9 (1) $1° = \frac{\pi}{180}$ だから，1次近似式において，

$$\sin 1° = \sin\frac{\pi}{180} \fallingdotseq \sin 0 + \frac{\pi}{180}\cos 0 = \frac{\pi}{180} = 0.017453293$$

次に，2次近似式は

$$\sin\frac{\pi}{180} \fallingdotseq \sin 0 + \frac{\pi}{180}(\cos 0) + \frac{1}{2}\left(\frac{\pi}{180}\right)^2(-\sin 0) = \frac{\pi}{180} = 0.017453293$$

(2) $h = 0.01$, $f(x) = \log(1+x)$ とすると，$f'(x) = \frac{1}{1+x}$ だから，1次近似式において，$\log 1.01 = \log(1+h) \fallingdotseq \log 1 + hf'(0) = h = 0.01$．次に，2次近似式は，$f'(x) = \frac{1}{1+x}$, $f''(x) = \frac{-1}{(1+x)^2}$ だから，$\log 1.01 \fallingdotseq h - \frac{h^2}{2} = 0.00995$

3.10 自然数 n に対して，

$$\lim_{h \to 0} \frac{f(a+h) - \{f(a) + hf'(a) + \frac{h^2}{2!}f''(a) + \cdots + \frac{h^{n-1}}{(n-1)!}f^{(n-1)}(a)\}}{\frac{h^n}{n!}} = f^{(n)}(a)$$

を数学的帰納法で示そう．$n=1$ のときは平均値の定理から成立する．

そこで，$n=k$ のとき成立すると仮定し，$n=k+1$ のときを示そう．ロピタルの定理から

$$\lim_{h \to 0} \frac{f(a+h) - \{f(a) + hf'(a) + \frac{h^2}{2!}f''(a) + \cdots + \frac{h^{(k+1)-1}}{((k+1)-1)!}f^{((k+1)-1)}(a)\}}{\frac{h^{k+1}}{(k+1)!}}$$

$$= \lim_{h \to 0} \frac{f'(a+h) - \{f'(a) + \frac{2h}{2!}f''(a) + \cdots + \frac{kh^{k-1}}{k!}f^{(k)}(a)\}}{\frac{(k+1)h^k}{(k+1)!}}$$

$$= \lim_{h \to 0} \frac{f'(a+h) - \{f'(a) + \frac{h}{1!}f''(a) + \cdots + \frac{h^{k-1}}{(k-1)!}f^{(k)}(a)\}}{\frac{h^k}{k!}}$$

$$= (f')^{(k)}(a) = f^{(k+1)}(a)$$

3.11 (1) $(\cos x)' = -\sin x = \cos(x + \frac{\pi}{2})$　(2) $(\cos x)^{(n)} = (-\sin x)^{(n-1)} = -\sin(x + (n-1)\frac{\pi}{2}) = \cos(x + (n-1)\frac{\pi}{2} + \frac{\pi}{2}) = \cos(x + n\frac{\pi}{2})$

3.12 $f(x) = \sqrt{1+x} = (1+x)^{\frac{1}{2}}$ だから，$a_0 = f(0) = 1$, $a_1 = f'(0) = \frac{1}{2}$,
$a_2 = \frac{f''(0)}{2!} = \frac{1}{2}\frac{-1}{2}\frac{1}{2} = \frac{-1}{8}$, $a_3 = \frac{f'''(0)}{3!} = \frac{1}{2}\frac{-1}{2}\frac{-3}{2}\frac{1}{3\cdot 2} = \frac{1}{16}$

3.13 $x\sin x = x\bigl(x - \frac{x^3}{3!} + \frac{x^5}{5!} - \cdots\bigr)$ だから,
$a_0 = 0$, $a_1 = 0$, $a_2 = 1$, $a_3 = 0$, $a_4 = -\frac{1}{3!}$, $a_5 = 0$, $a_6 = \frac{1}{5!}$, ...

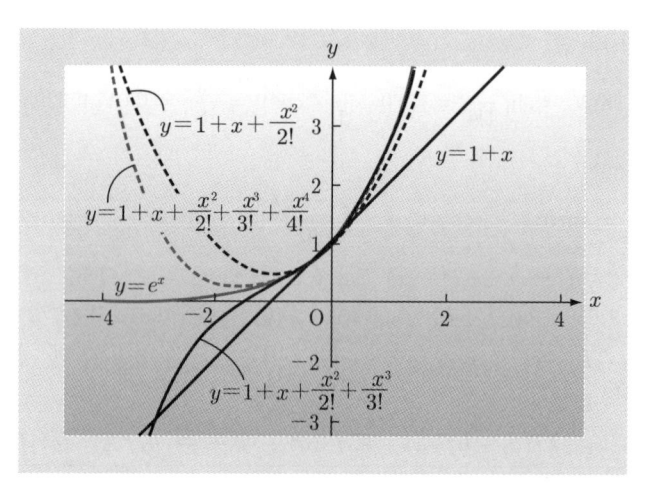

3.14 $x > 0$ のとき, $f_1(x) > f_3(x) > \cdots > f(x) > \cdots > f_4(x) > f_2(x)$.
$\lim_{n\to\infty} f_n(x) = f(x)$

発展問題 3

「詳解演習 微分積分」を [S] で表す.

1 (1) $a = 1, b = 1, c = \frac{1}{2}, d = \frac{1}{3!}$ (p.53, 例題 6.2 を参照)
(2) $a = 1, b = 0, c = -\frac{1}{2}$

2 (2) (1) より, $\lim_{x\to\infty} \frac{x}{e^x} = \lim_{x\to\infty} \frac{1}{e^x} = 0$

3 (1) マクローリンの定理を適用する. (2) e が有理数と仮定すると, 既約分数を用いて $e = \frac{q}{p}$ と表される. $n > p$ として (1) を適用し矛盾を導く.

4 (1) $f''(a) < 0$ であれば, $f'(x)$ は $x = a$ で減少の状態にある. したがって, $x < a$ のとき, $f'(x) > f'(a) = 0$; $x > a$ のとき, $f'(x) < f'(a) = 0$ となるので, $f(a)$ は極大値である.
(2) (1) と同様. (3) $x = 1$ で極小, $x = -1$ で極大.

5 (1) $f'(x)$ が単調増加に注意して, 平均値の定理を適用する.
(2) (1) において, $x = (1-t)a + tb$ とせよ ([S], p.48, 例題 5.4 を参照).

6 (1) $x = e^{-1}$ のとき, 極小値 $-e^{-1}$ (2) $x = \frac{\pi}{4}$ のとき, 極大値 $e^{-\frac{\pi}{4}}/\sqrt{2}$; $x = \frac{5\pi}{4}$ のとき, 極小値 $-e^{-\frac{5\pi}{4}}/\sqrt{2}$

7

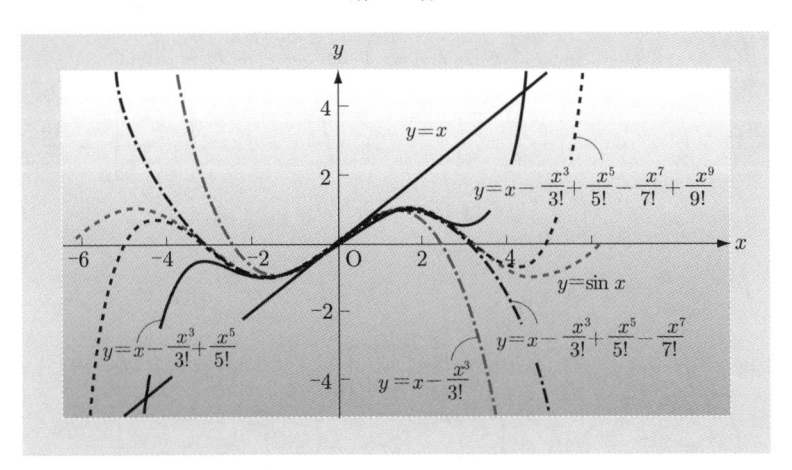

[Graph showing $y=x$, $y=\sin x$, and Taylor polynomial approximations $y=x-\frac{x^3}{3!}$, $y=x-\frac{x^3}{3!}+\frac{x^5}{5!}$, $y=x-\frac{x^3}{3!}+\frac{x^5}{5!}-\frac{x^7}{7!}$, $y=x-\frac{x^3}{3!}+\frac{x^5}{5!}-\frac{x^7}{7!}+\frac{x^9}{9!}$]

8 5 より, $\{x_n\}$ は単調減少であるから, ある値 α に収束する. 漸化式において $n\to\infty$ とすると $f(\alpha)=0$ が示される.

9 (1) $\displaystyle\lim_{x\to\infty}\frac{f(x)}{x}=\lim_{x\to\infty}\frac{f'(x)}{1}=k$

(2) $\displaystyle\lim_{x\to\infty}\{f(x+1)-f(x)\}=\lim_{x\to\infty}f'(\xi)=k \quad (x<\xi<x+1)$

第 4 章

問 題

4.1 (1) $\displaystyle\int x\,dx=\frac{x^2}{2}+C$ (2) $\displaystyle\int\sqrt{x}\,dx=\frac{x^{\frac{3}{2}}}{\frac{3}{2}}+C$

(3) $\displaystyle\int\frac{1}{x^2}\,dx=\frac{x^{-1}}{-1}+C=-\frac{1}{x}+C$ (4) $\displaystyle\int e^{-x}\,dx=-e^{-x}+C$

(5) $\displaystyle\int\cos 2x\,dx=\frac{\sin 2x}{2}+C$

4.2 (1) $\displaystyle\int x(2-3x)\,dx=x^2-x^3+C$

(2) $\displaystyle\int(1-\cos x)\,dx=x-\sin x+C$ (3) $\displaystyle\int\frac{1}{2x}\,dx=\frac{1}{2}\log|x|+C$

(4) $\displaystyle\int\frac{1+\cos^2 x}{\cos^2 x}\,dx=\int\left(\frac{1}{\cos^2 x}+1\right)dx=\tan x+x+C$

(5) $\displaystyle\int\left(x^2+\frac{1}{x^2}\right)dx=\frac{x^3}{3}-\frac{1}{x}+C$

(6) $\int \left(x + \dfrac{1}{x}\right)^2 dx = \int \left(x^2 + 2 + \dfrac{1}{x^2}\right) dx = \dfrac{x^3}{3} + 2x - \dfrac{1}{x} + C$

4.3 (1) $\int_0^1 x^3\, dx = \left[\dfrac{x^4}{4}\right]_0^1 = \dfrac{1}{4}$ (2) $\int_0^4 \sqrt{x}\, dx = \left[\dfrac{x^{\frac{1}{2}+1}}{\frac{1}{2}+1}\right]_0^4 = \dfrac{16}{3}$

(3) $\int_{-1}^1 e^x\, dx = \left[e^x\right]_{-1}^1 = e - e^{-1}$ (4) $\int_0^\pi \sin x\, dx = \left[-\cos x\right]_0^\pi = 2$

(5) $\int_0^{\pi/4} \dfrac{dx}{\cos^2 x} = \left[\tan x\right]_0^{\pi/4} = 1$ (6) $\int_1^e \dfrac{1}{x}\, dx = \left[\log|x|\right]_1^e = 1$

4.4 (1) $\int_0^1 x(1-x^2)\, dx = \left[\dfrac{x^2}{2}\right]_0^1 - \left[\dfrac{x^4}{4}\right]_0^1 = \dfrac{1}{4}$ (2) $\int_1^2 \left(x + \dfrac{1}{x}\right)^2 dx$

$= \int_1^2 \left(x^2 + 2 + \dfrac{1}{x^2}\right) dx = \left[\dfrac{x^3}{3}\right]_1^2 + \left[2x\right]_1^2 + \left[-\dfrac{1}{x}\right]_1^2 = \dfrac{7}{3} + 2 + \dfrac{1}{2} = \dfrac{29}{6}$

(3) $\int_0^\pi (\sin x + \cos x)\, dx = \left[-\cos x\right]_0^\pi + \left[\sin x\right]_0^\pi = 2$

(4) $\int_0^{\pi/2} \left(\sin \dfrac{x}{2} + \cos \dfrac{x}{2}\right)^2 dx = \int_0^{\pi/2} (1 + \sin x)\, dx = \left[x\right]_0^{\pi/2} + \left[-\cos x\right]_0^{\pi/2}$

$= \dfrac{\pi}{2} + 1$

4.5 (1) $\int (2x+1)^3\, dx = \dfrac{(2x+1)^4}{2\cdot 4} + C$ (2) $\int_{-1}^1 (2x+1)^3\, dx$

$= \left[\dfrac{(2x+1)^4}{2\cdot 4}\right]_{-1}^1 = \dfrac{3^4 - 1}{8}$ (3) $\int \tan x\, dx = \int \dfrac{\sin x}{\cos x}\, dx$

$= -\log|\cos x| + C$ (4) $\int_0^{\frac{\pi}{4}} \tan x\, dx = \left[-\log|\cos x|\right]_0^{\frac{\pi}{4}} = \log \sqrt{2}$

(5) $\int xe^{-x^2}\, dx = -\dfrac{e^{-x^2}}{2} + C$ (6) $\int_0^1 xe^{-x^2}\, dx = \left[-\dfrac{e^{-x^2}}{2}\right]_0^1 = \dfrac{1 - e^{-1}}{2}$

(7) $\int \dfrac{x}{x^2+1}\, dx = \dfrac{1}{2}\log(x^2+1) + C$

(8) $\int_0^1 \dfrac{x}{x^2+1}\, dx = \left[\dfrac{1}{2}\log(x^2+1)\right]_0^1 = \dfrac{\log 2}{2}$

4.6 (1) $\int x(x+1)^3 dx = x\dfrac{(x+1)^4}{4} - \int \dfrac{(x+1)^4}{4} dx = x\dfrac{(x+1)^4}{4} - \dfrac{(x+1)^5}{4\cdot 5}$

$+ C$ (2) $\int_{-1}^1 x(x+1)^3 dx = \left[x\dfrac{(x+1)^4}{4}\right]_{-1}^1 - \int_{-1}^1 \dfrac{(x+1)^4}{4} dx$

$$= \left[x\frac{(x+1)^4}{4}\right]_{-1}^{1} - \left[\frac{(x+1)^5}{4\cdot 5}\right]_{-1}^{1} = \frac{2^4}{4} - \frac{2^5}{4\cdot 5} = \frac{12}{5}$$

(3) $\displaystyle\int 2x\cos x\sin x\,dx = \int x\sin 2x\,dx = x\frac{-\cos 2x}{2} - \int \frac{-\cos 2x}{2}dx$

$$= -\frac{x\cos 2x}{2} + \frac{\sin 2x}{4} + C$$

(4) $\displaystyle\int_0^{\frac{\pi}{2}} 2x\cos x\sin x\,dx = \int_0^{\frac{\pi}{2}} x\sin 2x\,dx = \left[x\frac{-\cos 2x}{2}\right]_0^{\frac{\pi}{2}} - \int_0^{\frac{\pi}{2}} \frac{-\cos 2x}{2}dx$

$$= \left[x\frac{-\cos 2x}{2}\right]_0^{\frac{\pi}{2}} + \left[\frac{\sin 2x}{4}\right]_0^{\frac{\pi}{2}} = \frac{\pi}{4}$$

(5) $\displaystyle\int xe^x\,dx = xe^x - \int e^x\,dx = xe^x - e^x + C$

(6) $\displaystyle\int_{-1}^{1} xe^x\,dx = \left[xe^x\right]_{-1}^{1} - \int_{-1}^{1} e^x\,dx = \left[xe^x\right]_{-1}^{1} - \left[e^x\right]_{-1}^{1}$
$= e - (-1)e^{-1} - (e - e^{-1}) = 2e^{-1}$

(7) $\displaystyle\int x\log x\,dx = \frac{x^2}{2}\log x - \int \frac{x}{2}dx = \frac{x^2}{2}\log x - \frac{x^2}{4} + C$

(8) $\displaystyle\int_1^e x\log x\,dx = \left[\frac{x^2}{2}\log x\right]_1^e - \int_1^e \frac{x}{2}dx = \left[\frac{x^2}{2}\log x\right]_1^e - \left[\frac{x^2}{4}\right]_1^e$
$= \dfrac{e^2}{2} - \dfrac{e^2-1}{4} = \dfrac{e^2+1}{4}$

4.7 (1) $\dfrac{x^2}{x+1} = \dfrac{(x^2-1)+1}{x+1} = (x-1) + \dfrac{1}{x+1}$

(2) $\displaystyle\int \frac{x^2}{x+1}dx = \int \left(x-1+\frac{1}{x+1}\right)dx = \frac{x^2}{2} - x + \log|x+1| + C$

4.8 (1) $x^3 + 2 = (x-1)^2(x+2) + 3x$ (2) $\dfrac{x^3+2}{(x-1)^2} = (x+2) + \dfrac{3x}{(x-1)^2}$

$= (x+2) + \dfrac{3(x-1)+3}{(x-1)^2} = (x+2) + \dfrac{3}{x-1} + \dfrac{3}{(x-1)^2}$

(3) $\displaystyle\int \frac{x^3+2}{(x-1)^2}dx = \int \left(x+2+\frac{3}{x-1}+\frac{3}{(x-1)^2}\right)dx$

$= \dfrac{x^2}{2} + 2x + 3\log|x-1| - \dfrac{3}{x-1} + C$

4.9 (1) 分母を払うと $x+2 = a(x-1)^2 + bx(x-1) + cx$.
$x=1$ を代入すると, $c=3$. cx の項を左辺に移項すると, $-2(x-1) = a(x-1)^2 + bx(x-1)$. $(x-1)$ で両辺を割って, $x=1$ を代入すると, $-2=b$. 同様にして, $a=2$.

(2) $\int \dfrac{x+2}{x(x-1)^2} dx = \int \left(\dfrac{2}{x} - \dfrac{2}{x-1} + \dfrac{3}{(x-1)^2}\right) dx = 2\log|x| - 2\log|x-1|$

$-\dfrac{3}{x-1} + C$

4.10 (1) $\displaystyle\int_0^1 \sqrt[3]{x}\, dx = \left[\dfrac{x^{\frac{1}{3}+1}}{\frac{1}{3}+1}\right]_0^1 = \dfrac{3}{4}$ (2) $\displaystyle\int_0^1 \dfrac{x}{\sqrt{1+x^2}}\, dx = \left[\sqrt{x^2+1}\right]_0^1$
$= \sqrt{2} - 1$

(3) $\sqrt{x-1} = t$ とおくと, $x = t^2 + 1$. よって,

$$\int_1^2 x\sqrt{x-1}\, dx = \int_0^1 (t^2+1)t\,(2t\,dt) = 2\left[\dfrac{t^5}{5} + \dfrac{t^3}{3}\right]_0^1 = \dfrac{16}{15}$$

(4) $\sqrt{1+x} = t$ とおくと, $x = t^2 - 1$. よって,

$$\int_0^3 \dfrac{3-x}{\sqrt{1+x}}\, dx = \int_1^2 \dfrac{3-(t^2-1)}{t}\,(2t\,dt) = 2\left[4t - \dfrac{t^3}{3}\right]_1^2 = \dfrac{10}{3}$$

4.11 (1) $\displaystyle\int_0^{\pi/4} \sin 4x\, dx = \left[\dfrac{-\cos 4x}{4}\right]_0^{\pi/4} = \dfrac{1}{2}$

(2) $\displaystyle\int_0^{\pi} \cos^2 x\, dx = \int_0^{\pi} \dfrac{1+\cos 2x}{2}\, dx = \left[\dfrac{x}{2} + \dfrac{\sin 2x}{4}\right]_0^{\pi} = \dfrac{\pi}{2}$

(3) $\displaystyle\int_0^{\pi} \sin^3 x\, dx = \int_0^{\pi} \dfrac{3\sin x - \sin 3x}{4}\, dx = \left[\dfrac{-3\cos x}{4} - \dfrac{-\cos 3x}{3 \cdot 4}\right]_0^{\pi} = \dfrac{4}{3}$

(4) $\displaystyle\int_0^{2\pi} \sin x \sin 3x\, dx = \int_0^{2\pi} \dfrac{1}{2}(\cos 2x - \cos 4x)\, dx = \dfrac{1}{2}\left[\dfrac{\sin 2x}{2} - \dfrac{\sin 4x}{4}\right]_0^{2\pi} = 0$

(5) $\displaystyle\int_0^{\pi/2} \dfrac{\sin x}{1+\cos x}\, dx = \left[-\log(1+\cos x)\right]_0^{\pi/2} = \log 2$

(6) $\displaystyle\int_0^{\pi/2} (\sin^4 x + \cos^4 x)\, dx = \int_0^{\pi/2} (1 - 2\sin^2 x \cos^2 x)\, dx$
$= \displaystyle\int_0^{\pi/2} \left(1 - \dfrac{\sin^2 2x}{2}\right) dx = \int_0^{\pi/2} \left(1 - \dfrac{1-\cos 4x}{4}\right) dx = \dfrac{3\pi}{8}$

4.12 (1) $x = \dfrac{\pi}{2} - \theta$ とおくと $I = \displaystyle\int_0^{\pi/2} \dfrac{\cos x}{\sin x + \cos x}\, dx = \int_{\pi/2}^0 \dfrac{\sin\theta}{\cos\theta + \sin\theta}\,(-d\theta) = J$

(2) $I + J = \displaystyle\int_0^{\pi/2} \dfrac{\cos x + \sin x}{\sin x + \cos x}\, dx = \dfrac{\pi}{2}$ (3) $I = J = \dfrac{\pi}{4}$

4.13 $I = \int_{1/\sqrt{2}}^{0} \frac{-dt}{1-t^2} = \int_{0}^{1/\sqrt{2}} \frac{dt}{1-t^2}$

(2) $I = \int_{0}^{1/\sqrt{2}} \frac{dt}{1-t^2} = \int_{0}^{1/\sqrt{2}} \frac{1}{2}\left(\frac{1}{t+1} - \frac{1}{t-1}\right) dt$

$= \frac{1}{2}\Big[\log|t+1| - \log|t-1|\Big]_{0}^{1/\sqrt{2}} = \frac{1}{2}\log\frac{\sqrt{2}+1}{\sqrt{2}-1} = \log(\sqrt{2}+1)$

発展問題 4

「詳解演習 微分積分」を [S] で表す.

1 定積分 $\int_{-a}^{0} f(x)dx$ に変数変換 $x = -t$ を行う.

2 $I(\pi) = \int_{0}^{\pi} |\sin x| dx = 2$

3 (2) (i) 2 (ii) $\sqrt{2}\log(1+\sqrt{2})$ ([S], p.100, 問題 5.10 を参照)

4 $f(x) = x^2 - \frac{2}{3}$

5 ([S], p.92, 例題 4.6 を参照)

6 ([S], p.91, 問題 4.5 を参照)

7 ([S], p.91, 問題 4.4 を参照)

8 2 つのグラフ $y = f(x)$, $y = f^{-1}(x)$ が直線 $y = x$ に関して対称であることを利用する.

9 $\int_{0}^{1} \sqrt{1-x^4} dx = \int_{0}^{1} \sqrt{1-x^2}\sqrt{1+x^2} dx$

$\leqq \left(\int_{0}^{1} (1-x^2)dx\right)^{1/2} \left(\int_{0}^{1} (1+x^2)dx\right)^{1/2} = \frac{2\sqrt{2}}{3}$

([S], p.121, 問題 8.10(3) を参照)

第 5 章

問題

5.1 (1) $\displaystyle\lim_{n\to\infty} \sum_{k=1}^{n} \frac{n^2+k^2}{n^3} = \lim_{n\to\infty} \frac{1}{n}\sum_{k=1}^{n}\left\{1+\left(\frac{k}{n}\right)^2\right\} = \int_{0}^{1}(1+x^2)\,dx = \frac{4}{3}$

(2) $\displaystyle\lim_{n\to\infty} \frac{1}{n}\sum_{k=1}^{n} \sin\frac{k\pi}{n} = \int_{0}^{1} \sin\pi x\,dx = \left[\frac{-\cos\pi x}{\pi}\right]_{0}^{1} = \frac{2}{\pi}$

5.2 (1) $N_1 = 87$, $N_2^* = 11$ だから, $(N_1 + \frac{N_2^*}{2})r^2 = (87+11/2)\times 0.1^2 = 0.925$

(2) $\displaystyle\int_{0}^{1} \frac{\sin x}{x}\,dx \fallingdotseq \int_{0}^{1}\left(1 - \frac{x^2}{3!}\right)dx = \left[x - \frac{x^3}{3\times 3!}\right]_{0}^{1} = 1 - \frac{1}{18} \fallingdotseq 0.94.$ 図から,

$$0.935 < \int_0^1 \frac{\sin x}{x}\, dx < 0.94$$

5.3 (1) $N_1 = 66$, $N_2^* = 16$ だから, $(N_1 + \frac{N_2^*}{2}) = (66 + \frac{16}{2}) \times 0.1^2 = 0.74$

(2) $\int_0^1 e^{-x^2}\, dx \fallingdotseq \int_0^1 \left(1 - x^2 + \frac{x^4}{2!}\right) dx = \left[x - \frac{x^3}{3} + \frac{x^5}{10}\right]_0^1 = \frac{23}{30} \fallingdotseq 0.77$

5.4 $\int_0^1 \log x\, dx = \lim_{\varepsilon \to +0} \int_\varepsilon^1 \log x\, dx = \lim_{\varepsilon \to +0} \left[x \log x\right]_\varepsilon^1 - \lim_{\varepsilon \to +0} \int_\varepsilon^1 x \frac{1}{x}\, dx = -1$

5.5 $x = \tan\theta$ と変数を変換すると

$$\int_0^\infty \frac{1}{1+x^2}\, dx = \int_0^{\frac{\pi}{2}} \frac{1}{1+\tan^2\theta} \frac{d\theta}{\cos^2\theta} = \int_0^{\frac{\pi}{2}} d\theta = \frac{\pi}{2}$$

5.6 (1) $t = x^2$ と変数を変換すると, $x = \sqrt{t}$ だから

$$\int_0^\infty e^{-x^2}\, dx = \int_0^\infty e^{-t} \times \frac{1}{2} t^{\frac{1}{2}-1} dt = \frac{1}{2} \Gamma\left(\frac{1}{2}\right)$$

(2) $t = x^2$ と変数を変換すると, $x = \sqrt{t}$ だから

$$\int_0^\infty x^2 e^{-x^2}\, dx = \int_0^\infty t e^{-t} \times \frac{1}{2} t^{\frac{1}{2}-1} dt = \frac{1}{2} \Gamma\left(\frac{3}{2}\right)$$

発展問題 5

「詳解演習 微分積分」を [S] で表す.

1 下図 ([S], p.118, 問題 8.7 を参照)

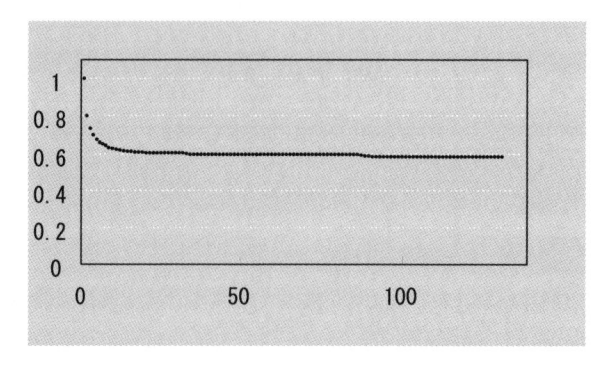

2 (1) $S(r) = \dfrac{1-r}{1-r^3}, T(r) = \dfrac{r^2(1-r)}{1-r^3}$

(2) グラフを利用する． (4) (2),(3) と挟み撃ちを利用する．

3 $\displaystyle\lim_{r \to 1} S(r) = \int_0^1 e^x dx = e - 1$

4 ([S], p.79, 例題 2.2(2) を参照)

5 ([S], p.108, 例題 6.2 を参照)

6 (1) 分母を払った式を証明する．このとき，

$$\cos m\theta \cos \frac{\theta}{2} = \frac{1}{2}\left\{\cos\left(m + \frac{1}{2}\right)\theta + \cos\left(m - \frac{1}{2}\right)\theta\right\}$$

(2) $\displaystyle\lim_{n \to \infty} \int_0^{\pi/2} \frac{\cos\left(n + \frac{1}{2}\right)\theta}{\cos\frac{\theta}{2}} d\theta = 0$ を利用する．

第 6 章

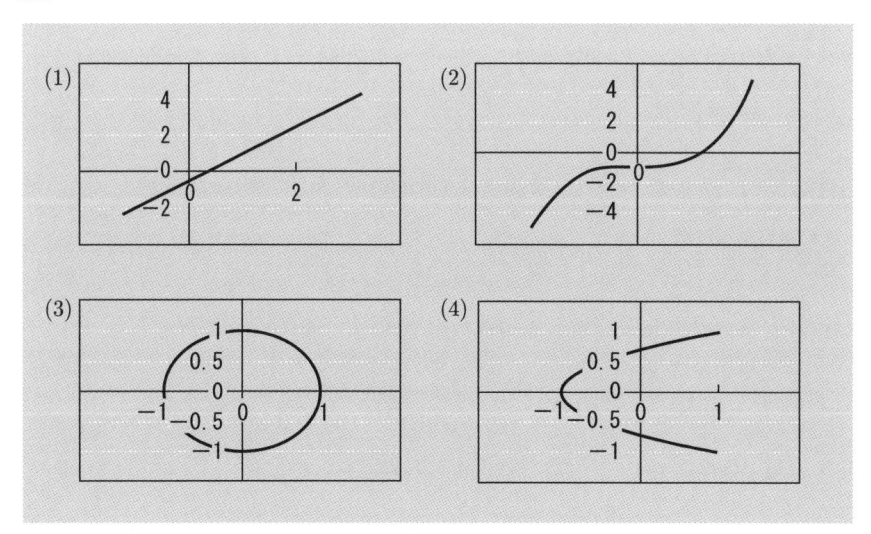

問題

6.1

(1) (2) (3) (4)

6.2

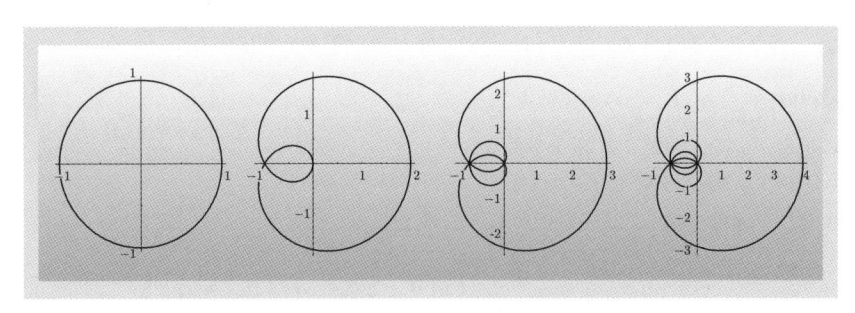

6.3 (1) $\dfrac{dy}{dx} = \dfrac{dy}{dt} \Big/ \dfrac{dx}{dt} = \dfrac{-4t}{1} = -4t$ だから,
$$y = (-4)(x-2) + (-1) = -4x + 7$$

(2) $y = -2t^2 + 1 = 0$ を解くと $t = \pm 1/\sqrt{2}$. よって, 求める面積は
$$S = \int_{-1/\sqrt{2}}^{1/\sqrt{2}} (-2t^2 + 1)(dt) = \left[-2\dfrac{t^3}{3} + t\right]_{-1/\sqrt{2}}^{1/\sqrt{2}} = \dfrac{2\sqrt{2}}{3}$$

6.4 (1) 上半分 $= \displaystyle\int_0^2 y\,dx = \int_\pi^0 2\sin\theta(-\sin\theta\,d\theta) = \int_0^\pi (1 - \cos 2\theta)\,d\theta$

$= \left[\theta - \dfrac{\sin 2\theta}{2}\right]_0^{\frac{\pi}{2}} = \pi$

下半分 $= \displaystyle\int_0^2 (-y)\,dx = \int_\pi^{2\pi} -2\sin\theta(-\sin\theta\,d\theta) = \int_\pi^{2\pi} (1 - \cos 2\theta)\,d\theta$

$= \left[\theta - \dfrac{\sin 2\theta}{2}\right]_\pi^{2\pi} = \pi$. よって, 2π

(2) $4\displaystyle\int_{\frac{\pi}{2}}^0 a\sin^3\theta\{3a\cos^2\theta(-\sin\theta)\}d\theta = 12a^2 \int_0^{\frac{\pi}{2}} \sin^4\theta\cos^2\theta\,d\theta$

$= 12a^2 \displaystyle\int_0^{\frac{\pi}{2}} (\sin^4\theta - \sin^6\theta)d\theta = 12a^2\left(\dfrac{3\cdot 1}{4\cdot 2}\dfrac{\pi}{2} - \dfrac{5\cdot 3\cdot 1}{6\cdot 4\cdot 2}\dfrac{\pi}{2}\right) = \dfrac{3}{8}\pi a^2$

6.5 (1) 直線 $x = 1$　　(2) 直角双曲線 $2xy = 1$　　(3) 円 $x^2 + y^2 = 2x$

(4)

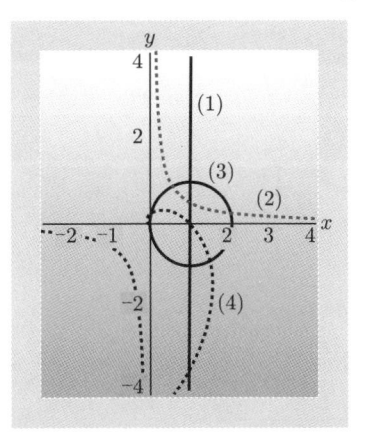

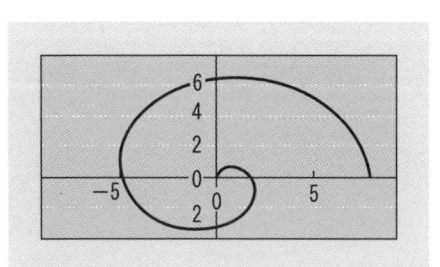

6.6 $(a=8, v=1, \omega=1)$

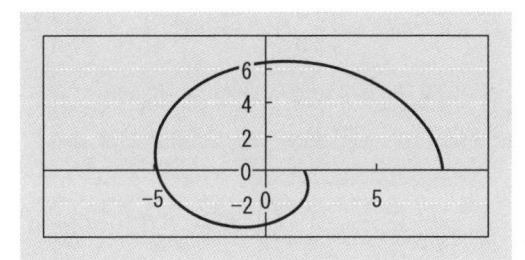

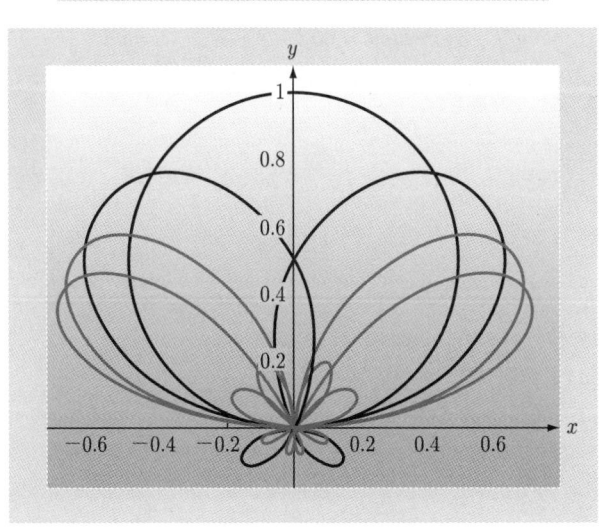

6.7

6.8 (1) カージオイドの面積は

$$\frac{1}{2}\int_0^\pi r^2\,d\theta = \frac{a^2}{2}\int_0^\pi \sin^2\theta\,d\theta = \frac{a^2}{4}\int_0^\pi (1-\cos 2\theta)\,d\theta$$
$$= \frac{a^2}{4}\left[\theta - \frac{\sin 2\theta}{2}\right]_0^\pi = \frac{a^2\pi}{4}$$

(2) らせんの面積は

$$\frac{1}{2}\int_0^{\pi/2} r^2\,d\theta = \frac{1}{2}\int_0^{\pi/2} (e^\theta)^2\,d\theta = \left[\frac{e^{2\theta}}{4}\right]_0^{\pi/2} = \frac{e^\pi - 1}{4}$$

6.9 (1) 曲線の長さは

$$L = \int_0^1 \sqrt{1+\{f'(x)\}^2}\,dx = \int_0^1 \sqrt{1+(3\sqrt{x}/2)^2}\,dx$$
$$= \int_0^1 \sqrt{1+9x/4}\,dx = \left[\frac{2}{3}\cdot\frac{4}{9}(1+9x/4)^{3/2}\right]_0^1 = \frac{8}{27}\left(\frac{13\sqrt{13}}{8}-1\right)$$

(2) $\left(\frac{dx}{d\theta}\right)^2 + \left(\frac{dy}{d\theta}\right)^2 = \left(3a\cos^2\theta(-\sin\theta)\right)^2 + \left(3a\sin^2\theta\cos\theta\right)^2$
$= (3a)^2\cos^2\theta\sin^2\theta\left(\cos^2\theta+\sin^2\theta\right) = (3a/2)^2\sin^2 2\theta$ だから，

$$L = \int_0^{2\pi}\sqrt{\left(\frac{dx}{d\theta}\right)^2 + \left(\frac{dy}{d\theta}\right)^2}\,d\theta = \int_0^{2\pi}\left(\frac{3}{2}a\right)|\sin 2\theta|\,d\theta$$
$$= 6a\int_0^{\pi/2}\sin 2\theta\,d\theta = 6a\left[\frac{-\cos 2\theta}{2}\right]_0^{\pi/2} = 6a$$

6.10 求めるらせんの長さは

$$L = \int_0^{\pi/2}\sqrt{r^2 + \left(\frac{dr}{d\theta}\right)^2}\,d\theta = \int_0^{\pi/2}\sqrt{2}e^\theta\,d\theta = \sqrt{2}\left[e^\theta\right]_0^{\pi/2} = \sqrt{2}(e^{\pi/2}-1)$$

発展問題 6

「詳解演習 微分積分」を [S] で表す．

1 ([S], p.111, 例題 7.2 を参照)
2 ([S], p.110, 例題 7.1 を参照)

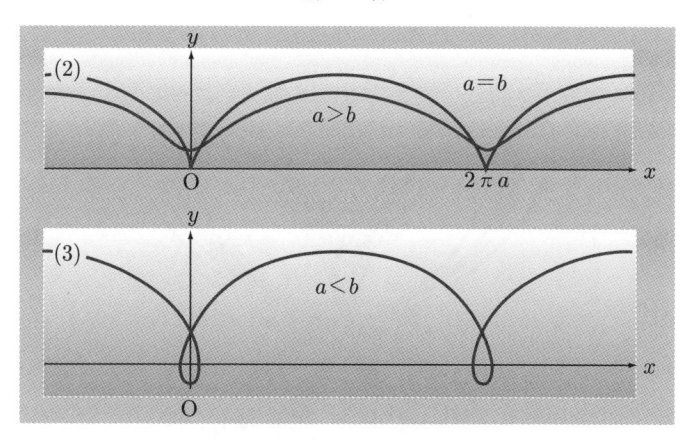

[図: (2) $a>b$, $a=b$ のサイクロイド類似曲線]

[図: (3) $a<b$ の場合]

3 ([S], p.113, 問題 7.4 を参照)

4 (2) $4 \times \dfrac{1}{2}\displaystyle\int_{-\pi/4}^{\pi/4} a^2 \cos^2 2\theta\, d\theta = a^2 \int_{-\pi/4}^{\pi/4} (1+\cos 4\theta) d\theta = \dfrac{\pi}{2}a^2$

(3) $4 \times \displaystyle\int_{-\pi/4}^{\pi/4} \sqrt{(a\cos 2\theta)^2 + (-2a\sin 2\theta)^2}\, d\theta = 2\sqrt{10}\,a \int_{-\pi/4}^{\pi/4} \sqrt{1 - \dfrac{3}{5}\cos 4\theta}\, d\theta$

(4) $2\sqrt{10}\,a \displaystyle\int_{-\pi/4}^{\pi/4} \sqrt{1 - \dfrac{3}{5}\cos 4\theta}\, d\theta \fallingdotseq 2\sqrt{10}\,a \int_{-\pi/4}^{\pi/4} \left(1 - \dfrac{3}{10}\cos 4\theta\right) d\theta = \sqrt{10}\,\pi a$

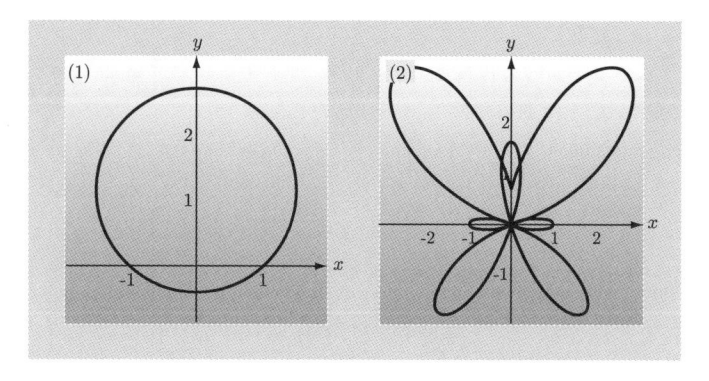

5

[図 (1): 円]

[図 (2): 花びら状の曲線]

(3) の図

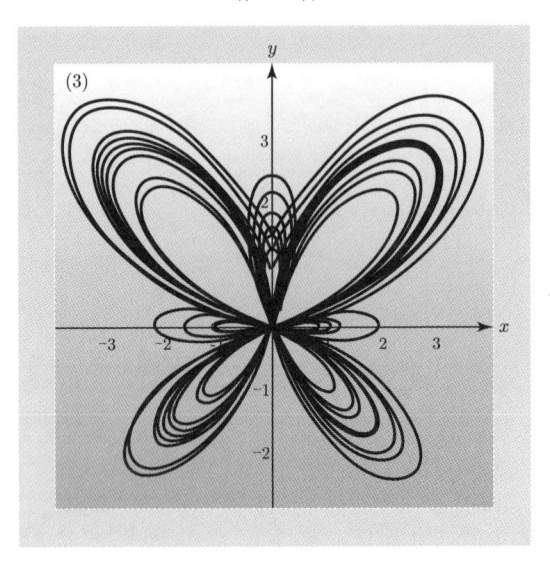

第7章

問題

7.1 (1) $z=0$ (2) $x=y=0$ (3) $x^2+y^2+(z-1)^2=1$
(4) $z=a$ (a:定数)

7.2 (1) 求める平面の方程式を $ax+by+cz+d=0$ とすると, 3点 $A(1,1,0)$, $B(0,1,1)$, $C(1,0,1)$ を通るので

$$a+b+d=0, \quad b+c+d=0, \quad a+c+d=0$$

これを解くと $a=b=c=-\frac{d}{2}$. よって, 求める平面の方程式は $x+y+z=2$.
(2) $(a,b,c)=(1,1,1)$ から単位ベクトルを作ると $\boldsymbol{e}=\left(\frac{1}{\sqrt{3}}, \frac{1}{\sqrt{3}}, \frac{1}{\sqrt{3}}\right)$. そこで, 平面の方程式を $\boldsymbol{e}\cdot\boldsymbol{x}=\frac{2}{\sqrt{3}}$ と変形すると, $OH=r=\frac{2}{\sqrt{3}}$, $H=r\boldsymbol{e}=\left(\frac{2}{3}, \frac{2}{3}, \frac{2}{3}\right)$.

7.3 (1) $x^2+y^2=\frac{3}{4}$ だから, 半径 $\frac{\sqrt{3}}{2}$ の円. (中心は点 $\left(0,0,\frac{1}{2}\right)$)
(2) 中心 $\left(\frac{1}{3}, \frac{1}{3}, \frac{1}{3}\right)$, 半径 $r=\sqrt{1-\frac{1}{3}}=\sqrt{\frac{2}{3}}$ の円

解　　答　　　　　　　　　　　　　　　　　　**207**

7.4 (1) $z_x = 2x + 2y, z_y = 2x + 4y$
(2) $z_x = \dfrac{(x^2 + y^2) - x \cdot 2x}{(x^2 + y^2)^2} = \dfrac{y^2 - x^2}{(x^2 + y^2)^2}, z_y = \dfrac{-x \cdot 2y}{(x^2 + y^2)^2} = \dfrac{-2xy}{(x^2 + y^2)^2}$
(3) $z_x = (-\sin x) \sin y, z_y = \cos x \cos y$　　(4) $z_x = e^{x+2y}, z_y = 2e^{x+2y}$

7.5 (1) $f(0, y) = \varphi(y)$ とおくと, 平均値の定理から
$$f(x, y) - f(0, y) = x f_x(\theta x, y) = 0 \qquad (0 < \theta < 1)$$
よって, $f(x, y) = \varphi(y)$.　　(2) (1) より, $f(x, y) = f(0, y) = f(0, 0)$ （一定）.

7.6 (1) $z_x = 4x, z_y = 2y$ より, 接平面の方程式は, $z = 4(x-1) + 2(y-1) + 3 = 4x + 2y - 3$. さらに, 法線の方程式は, $\dfrac{x-1}{4} = \dfrac{y-1}{2} = \dfrac{z-3}{-1}$.
(2) $2x + 2zz_x = 0, 2y + 2zz_y = 0$ より, 接平面の方程式は, $z = (-1)(x-1) + (-2)(y-2) + 1 = -x - 2y + 6$. さらに, 法線の方程式は, $\dfrac{x-1}{-1} = \dfrac{y-2}{-2} = \dfrac{z-1}{-1}$.

7.7 $z_x = 2e^{2x + \sin y}, z_y = (\cos y)e^{2x + \sin y}$ だから,
$$z(0.01, 0.01) \fallingdotseq z(0, 0) + z_x(0, 0) \times 0.01 + z_y(0, 0) \times 0.01 = 1.03$$

7.8 (1) $Z'(t) = z_x x'(t) + z_y y'(t) = 2z_x(2t+1, t^2-1) + (2t)z_y(2t+1, t^2-1)$
(2) $Z'(t) = z_x x'(t) + z_y y'(t)$
$= e^t(\cos t - \sin t)z_x(e^t \cos t, e^t \sin t) + e^t(\cos t + \sin t)z_y(e^t \cos t, e^t \sin t)$

7.9 (1) $z_r = z_x x_r + z_y y_r = (\cos \theta) z_x(r \cos \theta, r \sin \theta) + (\sin \theta) z_y(r \cos \theta, r \sin \theta)$
(2) $z_\theta = z_x x_\theta + z_y y_\theta = r(-\sin \theta) z_x(r \cos \theta, r \sin \theta) + r(\cos \theta) z_y(r \cos \theta, r \sin \theta)$
(3) $z_x = z_r \cos \theta - z_\theta \dfrac{\sin \theta}{r}, z_y = z_r \sin \theta + z_\theta \dfrac{\cos \theta}{r}$

7.10 (1) $z_x = 2x + 3y, z_y = 3x + 3y^2, z_{xx} = 2, z_{xy} = 3, z_{yx} = 3, z_{yy} = 6y$
(2) $z_{xy} = z_{yx} = 3$

7.11 $z_x = \dfrac{2x}{x^2 + y^2}, z_y = \dfrac{2y}{x^2 + y^2}, z_{xx} = \dfrac{2(x^2 + y^2) - 2x \cdot 2x}{(x^2 + y^2)^2} = \dfrac{2(y^2 - x^2)}{(x^2 + y^2)^2}$,
$z_{yy} = \dfrac{2(x^2 + y^2) - 2y \cdot 2y}{(x^2 + y^2)^2} = \dfrac{2(x^2 - y^2)}{(x^2 + y^2)^2}$ だから, $\Delta z = z_{xx} + z_{yy} = 0$

7.12 $z_x = f'(x+y) + g'(x-y), z_y = f'(x+y) - g'(x-y)$
$z_{xx} = f''(x+y) + g''(x-y), z_{yy} = f''(x+y) + g''(x-y)$. よって, $z_{xx} = z_{yy}$.

7.13 (1) $z_x = 2x = 0, z_y = 2y = 0$ より, $x = y = 0$.
このとき, $z = x^2 + y^2 \geqq 0 = z(0, 0)$ だから, $z(0, 0) = 0$ は極小値である.
(2) $z_x = 2x - y = 0, z_y = -x + 2y - 3 = 0$ より, $x = 1, y = 2$. さらに, $A = z_{xx} = 2, B = z_{xy} = z_{yx} = -1, C = z_{yy} = 2$. このとき, $A > 0$, $\Delta = AC - B^2 = 4 - 1 = 3$ だから, $z(1, 2) = -2$ は極小値である.

(3) $z_x = 3x^2 = 0$, $z_y = 3y^2 = 0$ より, $x = y = 0$. このとき, $x > 0$ のとき, $z(x,0) = x^3 > 0$ で $x < 0$ のとき, $z(x,0) = x^3 < 0$ である. よって, $z(0,0) = 0$ は極値でない.

(4) $z_x = y + (1-x-y) - (x+y) = 0$, $z_y = x + (1-x-y) - (x+y) = 0$ より, $x = y = \frac{1}{3}$. $x = y = \frac{1}{3}$ のとき, $A = z_{xx} = -2$, $B = z_{xy} = -1$, $C = z_{yy} = -2$ だから, $A < 0$, $AC - B^2 = 4 - 1 = 3 > 0$ だから, 極大値 $z(\frac{1}{3}, \frac{1}{3}) = \frac{1}{3}$ をとる.

7.14 $x + y + z = a$ (一定) のとき, 対角線の長さ L について

$$L^2 = x^2 + y^2 + z^2 = x^2 + y^2 + (a - x - y)^2 \equiv f(x, y)$$

の最大値を求めよう.
$f_x = 2x + 2(a-x-y) \times (-1) = 0$, $f_y = 2y + 2(a-x-y) \times (-1) = 0$ を解くと, $x = y = z = \frac{a}{3}$. このとき, $A = f_{xx} = 4$, $B = f_{xy} = f_{yx} = 2$, $C = f_{yy} = 4$ だから, $A > 0$, $\Delta = AC - B^2 = 16 - 4 = 12 > 0$. よって, $f(\frac{a}{3}, \frac{a}{3}) = \frac{a^2}{3}$ は極小値かつ最小値である.

7.15 $x + y + z = 2s$ (一定) のとき, 三角形の面積は

$$S = \sqrt{s(s-x)(s-y)(s-z)} = \sqrt{s(s-x)(s-y)(x+y-s)}$$

$f(x, y) = s(s-x)(s-y)(x+y-s)$ の最大値を求めよう.

$$f_x = -s(s-y)(x+y-s) + s(s-x)(s-y) = 0,$$
$$f_y = -s(s-x)(x+y-s) + s(s-x)(s-y) = 0$$

を解くと, $x = y = z = \frac{2s}{3}$. このとき, $A = f_{xx} = -s(s-y) - s(s-y) = -\frac{2s^2}{3}$, $B = f_{xy} = f_{yx} = s(x+y-s) - s(s-y) - s(s-x) = -\frac{s^2}{3}$, $C = f_{yy} = -s(s-x) - s(s-x) = -\frac{2s^2}{3}$. よって, $A < 0$, $\Delta = AC - B^2 = \frac{s^4}{3} > 0$ だから, $x = y = z = \frac{2s}{3}$ のとき S は極大かつ最大である.

発展問題 7

「詳解演習 微分積分」を [S] で表す.

1 (1) $\lim_{x \to 0} f(x, 0) = 1$ (2) $\lim_{y \to 0} f(0, y) = -1$
2 (1) $\varphi'(x) = f_x(x, y+k) - f_x(x, y)$ (2) $\psi'(y) = f_y(x+h, y) - f_y(x, y)$
3 ([S], p.136, 問題 5.4 を参照)
4 テイラーの定理を利用する ([S], p.137, 問題 5.10 を参照).
5 ([S], p.141, 問題 6.2 を参照)
6 (1) $(1,1)$ で極小値 -1 をとる. (2) $(1,1)$ で極小値 -1 をとる.

(3) $(0,0)$ で極小値 0;$(0,\pm 1)$ で極大値 $2e^{-1}$

(4) $(\frac{\pi}{3}, \frac{\pi}{3})$ で極大値 $\frac{3\sqrt{3}}{2}$ をとる.

第 8 章

問 題

8.1 平面 $z=t$ での切り口の面積を $S(t)$ とすると,

$$S(t) : S(0) = (c-t)^2 : t^2, \qquad S(0) = \frac{ab}{2}$$

よって, 求める体積は $\int_0^c S(t)dt = \int_0^c \frac{(c-t)^2 S(0)}{c^2}dt = \frac{c^3 S(0)}{3c^2} = \frac{abc}{6}$

8.2 $\int_0^\pi \pi \sin^2 x\, dx = \int_0^\pi \pi \frac{1-\cos 2x}{2}dx = \frac{\pi^2}{2}$

8.3 (1) $\int_{-1}^1 \pi(1-x^2)dx = \frac{4\pi}{3}$

(2) y について解くと, $y = 1 \pm \sqrt{1-x^2}$. よって,

$$V = \int_{-1}^1 \pi(1+\sqrt{1-x^2})^2 dx - \int_{-1}^1 \pi(1-\sqrt{1-x^2})^2 dx = \int_{-1}^1 4\pi\sqrt{1-x^2}dx$$

$x = \sin\theta$ と変数を変換すると $V = \int_{-\frac{\pi}{2}}^{\frac{\pi}{2}} 4\pi\cos\theta(\cos\theta d\theta) = 4\pi\int_{-\frac{\pi}{2}}^{\frac{\pi}{2}} \frac{1+\cos 2\theta}{2}d\theta = 2\pi^2$

8.4 (1) $\iint_D (x^2+y^2)dxdy = \int_0^1 \left(\int_0^1 (x^2+y^2)dy\right)dx = \int_0^1 \left(x^2+\frac{1}{3}\right)dx = \left[\frac{x^3}{3}+\frac{1}{3}x\right]_0^1 = \frac{2}{3}$

(2) $\iint_D xy^2 dxdy = \int_0^1 \left(\int_0^2 xy^2 dy\right)dx = \int_0^1 \left(x\frac{2^3}{3}\right)dx = \frac{1}{2}\cdot\frac{8}{3} = \frac{4}{3}$

(3) $\iint_D \cos(x+y)dxdy = \int_0^{\frac{\pi}{4}} \left(\int_0^{\frac{\pi}{4}} \cos(x+y)dy\right)dx$

$= \int_0^1 \left\{\sin\left(x+\frac{\pi}{4}\right) - \sin x\right\}dx = \left[-\cos\left(x+\frac{\pi}{4}\right)+\cos x\right]_0^{\frac{\pi}{4}} = \sqrt{2}-1$

(4) $\iint_D e^x \sin y\, dxdy = \int_0^1 \left(\int_0^{\frac{\pi}{2}} e^x \sin y\, dy\right)dx = \int_0^1 e^x dx = e-1$

8.5 (1) $\iint_D x\, dxdy = \int_0^1 \left(\int_{x^2}^x x\, dy\right)dx = \int_0^1 x(x-x^2)dx = \frac{1}{3}-\frac{1}{4} = \frac{1}{12}$

(2) $\iint_D xy\,dxdy = \int_0^1 \left(\int_0^{\sqrt{1-x^2}} xy\,dy\right) dx = \int_0^1 x\frac{1-x^2}{2}dx = \frac{1}{4} - \frac{1}{8} = \frac{1}{8}$

(3) $\iint_D \cos(x+y)\,dxdy = \int_0^{\frac{\pi}{2}} \left(\int_{-x}^{\frac{\pi}{2}-x} \cos(x+y)\,dy\right) dx$

$= \int_0^{\frac{\pi}{2}} \left(\sin\frac{\pi}{2} - \sin 0\right) dx = \frac{\pi}{2}$

(4) $\iint_D xe^y\,dxdy = \int_0^1 \left(\int_0^{x^2} xe^y\,dy\right) dx = \int_0^1 x\left(e^{x^2} - 1\right) dx = \left[\frac{e^{x^2}}{2} - \frac{x^2}{2}\right]_0^1$

$= \frac{e-1}{2} - \frac{1}{2} = \frac{e-2}{2}$

8.6 (1) $D' = \{(u,v) \mid 0 \leqq u \leqq \pi, 0 \leqq v \leqq \pi\}$ だから,

$\iint_D \sin(x-y)\sin(x+y)\,dxdy = \frac{1}{2}\iint_{D'} \sin v \sin u\,dudv$

$= \frac{1}{2}\int_0^\pi \left(\int_0^\pi \sin u \sin v\,dv\right) du = \frac{1}{2}\int_0^\pi \left[\sin u(-\cos v)\right]_0^\pi du = \int_0^\pi \sin u\,du = 2$

(2) $D' = \{(u,v) \mid 0 \leqq u \leqq \pi, 0 \leqq v \leqq \pi\}$ だから,

$\iint_D (x-y)\sin(x+y)\,dxdy = \frac{1}{2}\iint_{D'} v\sin u\,dudv$

$= \frac{1}{2}\int_0^\pi \left(\int_0^\pi v\sin u\,dv\right) du = \frac{1}{2}\int_0^\pi \frac{\pi^2}{2}\sin u\,du = \frac{\pi^2}{2}$

8.7 (1) $\iint_D (x^2+y^2)\,dxdy = \int_0^{2\pi} \left(\int_0^1 r^2 \cdot r\,dr\right) d\theta = \frac{1}{4} \cdot (2\pi) = \frac{\pi}{2}$

(2) $\iint_D (x+y)\,dxdy = \int_0^{\frac{\pi}{2}} \left(\int_0^1 (r\cos\theta + r\sin\theta)r\,dr\right) d\theta$

$= \int_0^{\frac{\pi}{2}} \frac{1}{3}(\cos\theta + \sin\theta)d\theta = \frac{2}{3}$

(3) $\iint_D (x^2+y^2)^\alpha\,dxdy = \int_0^{2\pi} \left(\int_0^1 r^{2\alpha} \cdot r\,dr\right) d\theta = \left[\frac{r^{2\alpha+2}}{2\alpha+2}\right]_0^1 \times (2\pi) = \frac{\pi}{\alpha+1}$

発展問題 8

「詳解演習 微分積分」を [S] で表す.

1   ([S], p.165, 問題 4.1(2) を参照)

2   (1),(2)　累次積分法を適用する.　　(3)　(2) を利用

3   ([S], p.161, 例題 3.2 を参照)

解　答

4　$x = r\sin\theta\cos\varphi,\ y = r\sin\theta\sin\varphi,\ z = r\cos\theta$
5　(1)　点 (x_0, y_0, z_0) を通り，ベクトル (a, b, c) に平行な直線
(2)　xz 平面上の放物線 $z = x^2$　　　(3)　平面 $y = x$ 上の放物線 $z = x^2$
6　(1)　$\sqrt{3}$　　(2)　$\sqrt{2}\pi$
7　直方体の体積は $(b_1 - a_1)(b_2 - a_2)(b_3 - a_3)$
8　D と曲面 $z = f(x, y)$ の間の立体の体積
9　$1/8$

第 9 章

問　題

9.1　(1)　$y = x^2 + x + C$　　(2)　$\log|y| = \log|x+2| + c$ から $y = C(x+2)$
(3)　$y(1-y) \neq 0$ のとき，$\frac{dy}{y(1-y)} = \frac{dy}{y} - \frac{dy}{y-1}$ と変形すると，$\log|y| - \log|y-1| = x + c$. よって，$y = \frac{1}{1+Ce^{-x}}$. $y = 0$ も解である．
(4)　$y \neq 0$ のとき，$\frac{dy}{y^2} = -\frac{dx}{x^2}$ と変形すると，$-\frac{1}{y} = \frac{1}{x} + c$. よって，$\frac{1}{x} + \frac{1}{y} = C$. $y = 0$ も解である．

9.2　問題 9.1 より，
(1)　$y = x^2 + x + 1$　　(2)　$y = C(x+2)$ から $y = \frac{x+2}{3}$
(3)　$y = \frac{1}{1+Ce^{-x}}$ から，$y = \frac{1}{1+e^{-x}}$　　(4)　$\frac{1}{x} + \frac{1}{y} = 2$

9.3　(1)　解は $y = -\cos x + C$ だから，$y = -\cos x + 2$（下図左）．
(2)　$\frac{dy}{y} = \frac{dx}{x}$ と変形すると，$\log|y| = \log|x| + c$. よって，解は $y = Cx$. $y(1) = 1$ となるのは，$y = x$（下図右）．

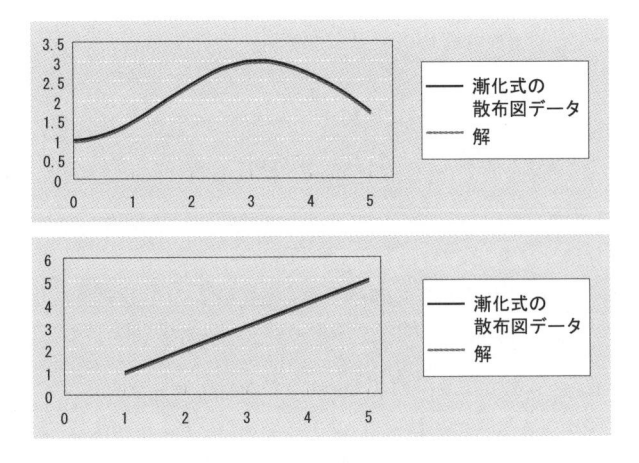

9.4 (1) $z_x = (y^3 - 2xy^2)$ を積分すると，
$$z = xy^3 - x^2y^2 + \varphi(y)$$
これを y について偏微分すると，$z_y = x(3y^2) - x^2(2y) + \varphi'(y) = 3xy^2 - 2x^2y$. $\varphi'(y) = 0$ だから，$\varphi(y)$ は定数．よって，
$$xy^3 - x^2y^2 = c \quad (c: 定数)$$
$y(1) = 2$ だから $xy^3 - x^2y^2 = 4$.
(2)

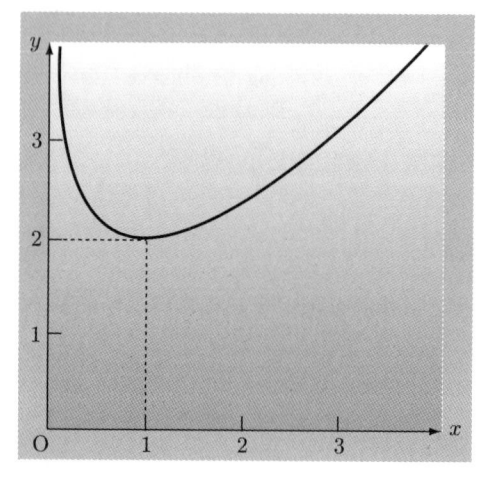

9.5 (1) $z = \dfrac{x^2}{2} + xy + \varphi(y)$ (2) $\log|z| = y + \varphi(x)$. よって，$z = \psi(x)e^y$.

(3) $z_x = \varphi(x)$. $z = \displaystyle\int \varphi(x)dx + g(y)$. よって，$z = f(x) + g(y)$.

(4) $z_x = xe^y + \varphi(x)$. $z = \dfrac{x^2}{2}e^y + f(x) + g(y)$.

発展問題 9

「詳解演習 微分積分」を [S] で表す．

1 2000 年を $t = 0$ として過去に遡って考える．C^{14} の 1 分間当たりの平均崩壊量を x とすれば，微分方程式 $\dfrac{dx}{dt} = kx$ が得られる．これを解くと $x = C_0 e^{kt}$. $t = 0$ のとき，$x = C_0 = 4.1$ で，半減期が 5000 年だから，$2C_0 = C_0 e^{5000k}$. したがって，$x = 4.1 \times 2^{t/5000}$ となる．この値が 6.68 となるのは，$t = 5000 \log_2 \dfrac{6.68}{4.1} = 3521.12$

である．よって，紀元前約 1500 年である．

2 (1) $u' = 2u$ を解くと $u = e^{2x}$ (2) $y = \dfrac{2x-1}{4} + \dfrac{5}{4}e^{-2x}$

(3)

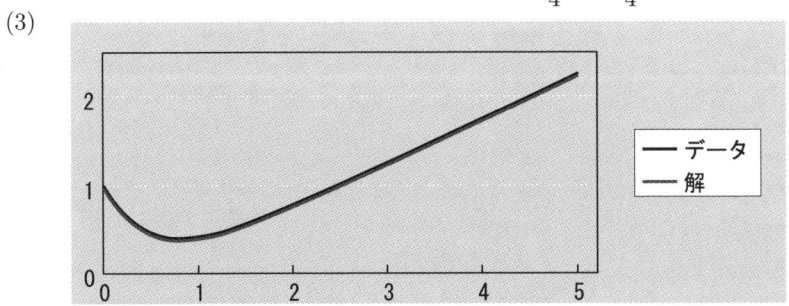

3 (1) $xy' + y = x\left(1 + \dfrac{3}{2}x^2\right) + \left(x + \dfrac{1}{2}x^3\right) = 2x + 2x^3$

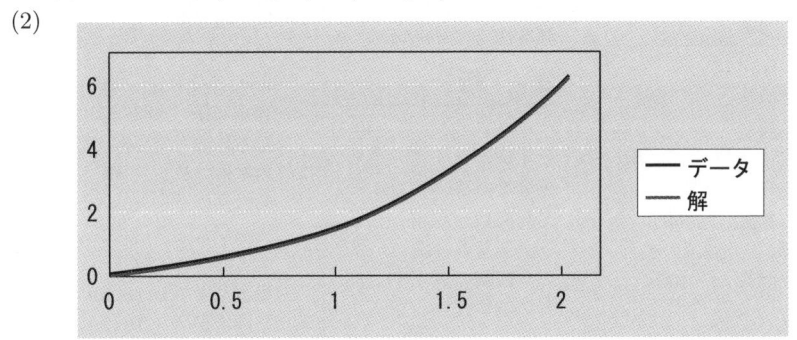

(2)

4 接線の方程式は $Y - y = y'(X - x)$. $Y = 0$ とおくと，TH $= |X - x| = \left|\dfrac{y}{y'}\right| = k$. よって，$y' = \pm\dfrac{1}{k}y$. この微分方程式を解くと，$y = Ce^{\pm\frac{1}{k}x}$.

5 法線の方程式は $Y - y = -\dfrac{1}{y'}(X - x)$. $Y = 0$ とおくと，NH $= |X - x| = |yy'| = k$. よって，$y' = \pm k\dfrac{1}{y}$. この微分方程式を解くと，$\dfrac{y^2}{2} = \pm kx + C$.

6 接線の方程式は $Y - y = y'(X - x)$ だから，A $\left(x - \dfrac{y}{y'}, 0\right)$, B $(0, y - xy')$. AB の中点が P (x, y) だから，$\dfrac{x - \frac{y}{y'}}{2} = x$. よって，$y' = -\dfrac{y}{x}$. この微分方程式を解くと，$xy = C$.

7 ([S], p.183, 問題 1.9 を参照)

索 引

あ 行

アークコサイン　57
アークサイン　56
アークタンジェント　57
アステロイド　112
1次近似式　71
一般解　158
上に有界　10
オイラーの公式　75

か 行

解　158
回転体の体積　145
加減乗除　2
カージオイド　117
加法定理　52
関数の極限　24
完全形　165
ガンマ関数　102
奇関数　38
逆関数　39
逆関数の存在定理　39
逆三角関数の微分法　56
級数　16
(狭義) 単調減少　39
(狭義) 単調増加　39
極限値　24, 127
極座標　113
極座標による変換　154
極小　137
極小値　67, 137
曲線　107
極大　137
極大値　67, 137
極値　67, 137
極方程式　113

曲面の方程式　123
偶関数　38
区間上で連続　29
原始関数　79
広義積分　101
合成関数　36
合成関数の微分法　37
公比　18
コーシーの平均値の定理　65
コサインのグラフ　50
弧度法　49

さ 行

サイクロイド　111
サインのグラフ　51
差分近似法　164
三角関数　49
三角関数の合成　52
三角関数の微分　55
三角不等式　2
指数関数　43
指数法則　41
自然数　1
自然対数の底　44
四則演算　2
下に有界　10
実数　2
実数の連続性　10
重積分の変数変換　151
収束　3, 16
商の微分法　34
初項　16, 18
振動　13
数学的帰納法　1
数列　3
数列の極限　3

整数　1
正の無限大に発散　13
積の微分法　34
積分する　79
積分定数　80
接線の傾き　61
接線の方程式　61
絶対値　2
接平面の方程式　130
全微分可能　129
全微分形　165

た 行

第 n 項　16
第 n 部分和　16
大小関係　2
対数関数　46
対数微分法　48
対数法則　46
タンジェントのグラフ　51
単調減少　10, 39
単調増加　10, 39
中間値の定理　29
定積分　83
定積分の基本的性質　84
定積分の置換積分法　85
定積分の部分積分法　87
テイラーの n 次剰余項　73
テイラーの定理　73
テイラー展開　73
導関数　32, 70
等比級数　18
等比数列　18

な 行

2階偏微分　134

索　引

2 次近似式　71
2 変数関数の連続性　127

ネピアの数　44

は　行

挟み撃ちの原理　8
媒介変数　107
発散　13, 16
パラメーター　107
パラメーター表示　107

左極限値　26
微分　32
微分可能　32
微分係数　33
微分積分学の基本定理　96
微分方程式　158
微分方程式を解く　158
不定積分　79
不定積分の線形性　81
不定積分の置換積分法　85
不定積分の部分積分法　87
負の無限大に発散　13

分数関数　90
平均値の定理　63
平面の方程式　124
変数分離形　158
偏微分方程式　167
法線の方程式　130

ま　行

右極限値　26
無限積分　101
無理関数の微分法　41
無理数　2

や　行

ヤコビアン　151
有界　10
有理数　2

ら　行

ラジアン　49
リーマン和　96
立体の体積　143
領域 D で連続　127
累次積分法　147

連続　127
ロピタルの定理　66
ロルの定理　64

わ　行

和　18

欧　字

a を底とする対数　46
e を底とする対数関数　46
N　1
n 階導関数　70
n 回微分可能　70
n 次導関数　70
Q　2
R　2
$x = a$ で連続　29
$x \in E$　1
x で偏微分する　127
y で偏微分する　127
Z　1

著者略歴

水田 義弘
（みずた よしひろ）

1970年　広島大学理学部数学科卒業
現　在　広島工業大学教授
　　　　広島大学名誉教授　理学博士

主要著書

Potential theory in Euclidean spaces（学校図書, 1996）
入門 微分積分（サイエンス社, 1996）
理工系 線形代数（サイエンス社, 1997）
詳解演習 微分積分（サイエンス社, 1998）
実解析入門（培風館, 1999）
詳解演習 線形代数（サイエンス社, 2000）

数学基礎コース＝S 別巻1

大学で学ぶ
やさしい 微分積分

2002年12月25日 Ⓒ	初　版　発　行
2015年3月10日	初版第12刷発行

著　者　水田義弘
発行者　木下敏孝
印刷者　杉井康之
製本者　関川安博

発行所　株式会社　サイエンス社

〒 151-0051　東京都渋谷区千駄ヶ谷1丁目3番25号
営業　☎ (03) 5474-8500（代）　振替 00170-7-2387
編集　☎ (03) 5474-8600（代）
FAX　☎ (03) 5474-8900

印刷　（株）ディグ　　製本　（株）関川製本所

《検印省略》

本書の内容を無断で複写複製することは，著作者および
出版者の権利を侵害することがありますので，その場合
にはあらかじめ小社あて許諾をお求め下さい．

ISBN4–7819–1025–4

PRINTED IN JAPAN

サイエンス社のホームページのご案内
http://www.saiensu.co.jp
ご意見・ご要望は
rikei@saiensu.co.jp　まで．